我的十堂大體解剖課：

那些與大體老師在一起的時光

何翰蓁——著
李翠卿——採訪撰稿

推薦序

解剖學課程無法被電腦軟體所取代

解剖是醫學院校裡教學上重要的一環，透過這個過程，學生經由實際的觸碰與觀察，學習身體的構造。由於醫學上的精細發展與分工，再加上臨床醫學上個人化醫療的高度發展，每個構造的細節都是臨床上病人治療的基礎，解剖學精細的程度非一般人可以想像，一條血管或神經分支的細節，各分支精確的走向及路徑都是必要的知識。在知識的量上面，它是門令人生畏、讓醫學生痛不欲生的課程。

千百年來，人沒有多演化出一塊肌肉、一條神經或血管，在今日電腦及3D影像技術及模擬軟體的發達下，處理往生後人體的複雜性，以及安排遺體進行教學上的耗時、費錢及令人嫌惡，再加上近幾十年來現代醫學知識爆炸性增加的排擠，實地解剖的必要性也斷續被挑戰，偶爾更被視為是一個過時、沒有必要的工作甚至是學問！然而，沒有任何一個人身上的構造是跟旁人一模一樣！模擬軟體上的構造是人畫上去的，千篇一律！在電腦上，它們一根一根地個別呈現，而且一層一層地在滑鼠的動作下翻開；現實手術的世界裡，神經、血管及肌肉等不會自動、一層層地跳出來，腫瘤也不會蹦出來讓醫師摘除！血淋淋的狀況下，醫師必須要在病患短暫麻醉的時間下，以最小的破壞解決病人的問題，解剖學仍是瞭解人體構造上無可取代的基礎。

對於醫學以外的人，解剖學深奧複雜，對人體是既好奇又害怕，解剖室裡到底發生了什麼事？到底如何教學？學生到底怎麼學？切開的人體一定很可怕吧！這些總混雜著道聽途說的猜想與流言！

何翰蓁老師大學畢業後因緣際會轉行，進入解剖實習室，成為一位專業的解剖學教師，她從解剖教師的角度，分享慈濟大學特有的實地解剖教學點滴。這是我所知道第一本描述人體實地解剖的通俗性書籍，以局部解剖學的方式（一般實地進行解剖時大都採用這種方式教學，這也較為接近臨床手術時的狀況），描繪解剖的重要點滴。

文章裡除了不少實地解剖細節的描述之外，更將身體構造的細節連結在一般人日常生活上所碰到的狀況或知識上。更特別的是，這本書還呈現了慈濟大學特有人文融合於解剖專業教學作法的描述，描繪了學習過程中同學們心理的觸動，更闡明了這些對醫學教育的意涵。捐贈身體的人是同學眼裡的老師，躺在解剖檯上承受同學們的切割，無言地教導同學，他們無我奉獻的精神更成為同學們將來專業上付出的榜樣。何老師以淺顯的文字，述說她的經歷與感受，串連著成長的點滴，寫出內心世界，是本不可多得的好書。

曾國藩（慈濟大學學術副校長、研發長、模擬醫學中心主任、解剖學教授）

推薦序

在未來醫師心中，建立起一個熱情初衷

收到翰蓁這本書的檔案時，我的實驗檯上有兩隻老鼠正在進行開腦手術。在等著電極從大腦皮層斷續推進到三叉神經節的過程中，讀完了這份接近七萬字的文稿。就我在科普領域的專業工作經驗看來，這本書的鋪陳以及說理的方式，是市面上難得一見的上品，真希望當初翰蓁這些述說是在科學月刊發表的。

然而，一本好的科普書籍，未必就具有讓人一口氣讀完的魅力。特別是對於我這樣一個長期在動物生理學領域工作的人來說，就知識層面而言，書中提到的器官、組織以及一些生理病理的知識，都是我早已知道的，所以沒什麼關於新知汲取的動機，驅使我非得一口氣讀完不可。但是，從我在等待第一個神經元放電頻率恢復穩定的期間翻開第一頁之後，我就知道我會在到達三叉神經節之前讀完它。

那是被一種奇異的熱情所吸引之後的不合理作為，因為在此之前，我已經連續工作十小時而感到非常疲累了。而且在更早的之前，因為成年後長期被現實社會馴服的結果，我對於人這樣的生物是否會真誠的付出也早已感到悲觀，包括我自己，心中也僅剩很微弱的火種。更重要的是，我也在大學教書，所以我也認識很多在大學教書的人。在那裡，大多數的人，包括我自己，都很在意上課會花掉多少時間，以及還有多少計畫和論文還沒寫完；當然，也有一些人更多了商務和政務的身不由己。也因此，書中那些一般活著的老師以及以特殊意義活著的大體老師的奇異熱情，就像是在微弱的火種旁邊忽然吹拂過大量氧氣，一下子大增的光，照亮了我心中一些已暗藏的部分。

那是一種關於初衷的記憶，在我們還沒進入這麼一大團像是迷霧的所謂的社會之前，那些我們自以為可以衝散它的混濁的想法。

就在我換上一張張的面具面對一個個不同的人，在打躬作揖緊張忙碌不知所云而忘了那一張才是真實的臉的一天將盡之時，翰蓁引領我所進入的課堂，向我展示了一個回到初衷的過程。雖然，很特殊活著的大體老師以及像翰蓁這樣活著的老師在書中所透露的目的不在展示，而是要在那些未來的醫師們的心中，建立起一個新的熱情初衷。

但我仍因此而受到了極大的激勵。

翰蓁在隨著書稿的信中問我說，這樣一本只有文字的書，會不會讓讀者有難以消化的感覺？我無法給出客觀的答案，因為在第一堂課還沒上完時，我就已經掉淚了；而後在每堂課中，都有這種掉淚的心情。我想，如果需要插圖，倒不是那些在圖譜中、在課本裡就翻得到的構造，而是，那些以身示道的大體老師群像。

蔡孟利（科學月刊總編輯）

目次

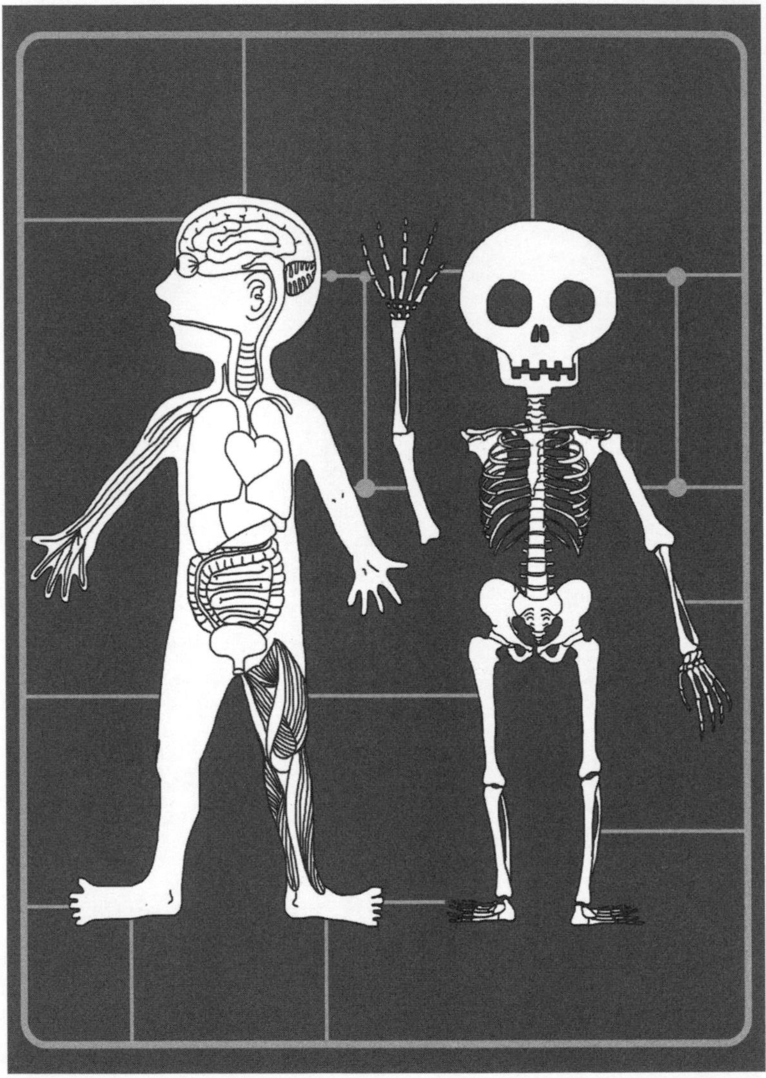

第一課
特別的老師

在醫學院，有一群很特別的「師資」，用一種非常獨特的方式來傳道、授業、解惑，他們給學生的，是貨真價實的「身教」。

我們稱他們為「大體老師」。

在我所服務的慈濟大學醫學院，又尊稱他們為「無語良師」。

這群老師們在他們生命終了之後，遺愛人間，提供他們的軀體，讓醫學生解剖下刀，以做好將來行醫的準備。

因為華人普遍期待「保留全屍」的文化忌諱，早年供做解剖用的遺體來源極少來自自願捐贈者，多半都是路倒的無名屍，或是沒有親人的榮民遺體，這些遺體經過公告三天之後，若無人領回，才會分發到各醫學院做防腐處理。

所謂的遺體防腐處理，通常是以福馬林（即37％甲醛溶液）、石碳酸、酒精、甘油和水調配為防腐劑，以浸泡或注射進血管的方式，讓遺體經久不腐。傳統處理方式為經血管灌注防腐劑後，再將遺體浸泡於10％的福馬林溶液。用浸泡方式處理的遺體味道極為刺鼻，學生上課經常被刺激得眼淚鼻涕直流，但對於狀況較差的遺體有較好的防腐效果。早期各醫學院校多半都是採用浸泡方式防腐，作法是在實驗室裡設置像小型游泳池般的大型水泥槽池，注滿福馬林，再將別好吊牌的遺體一具具浸泡在其中，用木板壓在上面，使遺體長時間浸泡在福馬林中達到防腐效果。

慈濟大學在創校之初，考量到浸泡的方式會牽涉到多位大體老師疊放的問題、課程開始前的打撈及刷洗等，都對大體老師不夠尊重，因此首開先例，採用乾式儲存的方式。大體老師經清潔消毒後，以血管灌流方式，將大約十四公升的防腐劑（含4％甲醛）注射進遺體血管，再將遺體存放在攝氏十五點六度的環境裡，每位大體老師有各自的存放空間，放置一段時間，讓福馬林溶液可以充分滲透遺體組織，之後才供學生解剖。

因為體表及腸道內細菌的作用，一般來說，在溫度攝氏二十度左右，屍體的組織只要經過四十八小時，即會出現明顯的屍斑與氣味，當年大體老師的來源多半是無名屍，且絕大多數都是男性。他們被發現時，遺體的狀態可能就已經開始產生變化了，但在被發現以後，還要經過三天公告無人領回，才能分發到各大醫學院用作解剖教學，因此早期解剖教學防腐處理的遺體，很多時候情況都是不太好的。

記得以前在其他學校擔任助教時，曾處理過一具遺體，已經散發出濃烈的腐臭味了才被送來，即使我們都已經對遺體氣味習以為常，但那一具遺體的情況實在太糟，組織開始分解，屍胺氣味濃到口罩也擋不住，我們在進行防腐處理時，三個人必須輪流出去嘔吐，才能把工作完成。

因為早期大體老師的來源實在太少，數十位醫學生才能分配到一具遺體，即便是現在，許多醫學院還是得十幾個學生使用一具遺體，這麼多人擠在一個解剖檯旁，不是每個人都能親手解剖各個部位，學習效果多少會打折。

大體解剖學與模擬手術

相較之下，慈濟大學的醫學生真的很幸運。

從一九九五年起，就開始擁有第一位自願捐贈大體的無語良師。在證嚴法師的感召下，許多人都願意在死後將遺體捐出，至今簽署大體捐贈同意書的人數已超過三萬人，而且，男女比約二比三，打破以往缺乏女性遺體的困境，這是難以想像的寶貴資源。

因為有這麼多人的信任與託付，大體來源充足，我們才能讓每四到五個醫學生就分配到一位大體老師，所有醫學生都有機會親自動手解剖人體的各個部位，累積行醫的經驗值。

而且，因為都是自願捐贈，這些大體老師的狀態都保存得很好，有利於學生學習。學校對捐贈者能否成為無語良師，設下了相當嚴謹的標準，除了訂立捐贈時身體狀態的規範（例如，不接受曾做過大手術、重大器官移植、或重大重建手術者或有未癒合的大傷口等）以外，為了趕在身體組織器官壞死前進行防腐處理，使各部位構造盡量保存在接近生前的狀態，學校還要求家屬必須在大體老師逝世後二十四小時內將遺體送到學校，以便進行防腐處理。

福馬林防腐處理的無語良師，主要用於大三的大體解剖教學；有些遺體則不進行福馬林防腐，直接急速冷凍，以用做大六的臨床解剖與模擬手術教學。為什麼用於模擬手術的大體不進行福馬林防腐呢？因為福馬林溶液會讓蛋白質變性凝固，做過防腐處理的人體組織質感較硬，跟活人相去甚遠，為了讓醫學生能進行擬真的臨床手術，必須使用未經福馬林防腐的大體來學習。

針對要用於模擬手術的大體，規定更嚴格。遺體必須在過世八小時內送到慈濟大學，急速冷凍到攝氏零下三十度，等到要上課的前三天，技術人員會將大體老師取出回溫，這些大體老師沒有經過福馬林固定，皮膚仍有彈性，組織質感跟活人接近，差別只是在於沒有體溫、心跳、呼吸、血流等生理徵兆。

這個學習過程對醫學生而言非常重要。大七醫學生都要進醫院實習，去熟悉醫療術式，他們跟在醫生旁邊觀摩，雖然能夠知道原理與技巧，但在臨床的實際操作時，仍有許多「眉角」，這可能就不是用「看」的就可以心領神會。

以氣管插管為例，雖然醫學生可能看醫師操作過很多次，但真正自己來時，只要插管的角度不對，就會增加病人許多痛苦；又如病人氣胸或胸腔積水時，必須在肋間放置胸管釋放胸腔壓力或引流，如何判斷正確放置胸管的位置且不傷到胸腔內重要的構造，這都需要熟練的技巧，可是醫師在現場救治病人時，情況可能很緊急，未必能好整以暇一步一動地指導實習醫生。

若能在操作於病患身上之前，就先在大體老師身上練習，便有時間能夠好好學習各術式的關鍵「眉角」，避免把活病患當練習技術的白老鼠。我們有很多學生畢業後回學校分享，都說很感謝之前在校時就有機會模擬急救相關技能，讓他們之後的工作更得心應手。

這些大體老師不只對還在唸書的醫學生有貢獻，若住院醫師或主治醫師有需要，也能提出申請。前幾年，醫院有一個要進行肝臟移植的團隊，包括護理人員，就特別提出申請，用沒有經過福馬林防腐處理的大體老師來模擬及優化手術移植步驟，以做好最完美的準備。

他們是「人」，不是「道具」

用做大體解剖教學的大體老師，必須在去世後二十四小時內送來；用做模擬手術的大體老師，更須在八小時內就送來，就專業上，我瞭解這要求的必要性；但在情感上，卻覺得非常不忍。

想像自己至親若是過世，連一個簡單的告別式都來不及辦理，就得強抑痛失親人的哀傷，要冷靜下來處理捐贈事宜，聯繫、安排救護車，儘速把摯愛的家人身軀，一路顛簸送到花蓮，進行防腐處理或急速冷凍，然後，是長達一至四年的等待。這教人情何以堪？

無論是大體老師或他們的家屬，若不是心中懷有寬厚慈悲的大愛，如何能做到這一點？

面對如此深情又沉重的一份託付，我們誠惶誠恐、不敢辜負。

我們希望學生們在大體解剖學這門課中，不只學到了解剖知識，更能學到怎麼待人處世；希望學生在解剖時，不只是把解剖檯上的身軀當做學習的「道具」而已，而是一個「人」，跟你我一樣，是個有喜怒哀樂、有故事的人。

因此，我們學校要求學生在大體解剖課程開始前的暑假進行家訪，拜訪大體老師的家屬，從家屬的口中認識未來將以身示教的這位老師。

早期我在其他醫學院擔任助教時，有時候不禁會有些憤慨，因為學生們只是把解剖檯上的大體老師當作學習工具而已，也許是為了掩飾緊張的情緒，也許是無心，學生偶爾帶著輕率的態度開起遺體的玩笑，毫無尊敬或感恩之心。學期末考完試以後，這些供學生學習的遺體經過一學期解剖，運氣好的，被支解的手腳驅幹等被完整的收納在同一個屍袋裡，但很少有學生問及「接下來呢？遺體會如何處理？」。在那個年代，剩餘的善後工作通常是由技術人員負責，將收拾在屍袋中的遺體送去火化，遺體的角色對學生而言只是學習的工具。

我受嚴謹的科學訓練，又從事解剖教學，按理說應該會很鼓勵親人捐出遺體，但因為擔任助教時在課堂上看過許多學生冷漠的態度，以及他們處理遺體的方式，當年我的母親想要簽署捐贈大體同意書時，希望我在家屬同意欄簽名，卻遭到我強烈反對。一想到我深愛的母親可能會這麼慘不忍睹地被「使用」，最後還像廢棄物一樣被隨便打包處理，我就心如刀割，這份同意書怎麼簽得下去？

這種態度，一直到我到慈濟大學任教才改觀。學校對於大體老師的態度十分慎重，也要求學生們必須以同樣的慎重對待。

我們希望學生們能把大體老師當作「人」，而非「物品」看待，畢竟醫生是一個救人的行業，我們期盼這些孩子們將來行醫時，能有更多的體恤與仁心，瞭解他們所面對的，是「人」，而非一具還活著的器官組合。

唯盼後輩賢

也因為如此，學校才會要求學生必須進行家訪。雖然台下的孩子們都已經是大學生了，但出訪前，講台上的老師總是叨叨絮絮提醒學生，不厭其煩叮嚀著拜訪大體老師家屬時要留意的細節，包括約訪的電話禮儀、拜訪當日的服儀……等等，偶爾也會擔心學生們會不會覺得老師們太囉唆，小看他們了。

但，我們有慎重的理由。

大體老師經血管注射福馬林以後，要放置在遺體儲存室長達三至四年才會啟用，也就是說，他們早在這些醫學生入學以前，就已經靜靜在學校裡等候了。

我們學校的遺體儲存室位於解剖講堂旁，中間隔著一條走廊，沿著走廊有大扇玻璃窗，平常會用木製拉門遮住。遺體儲存室的陳設有一點像學校宿舍的上下舖，大體老師整齊躺在那裡，拉開玻璃窗上的拉門，隱約可以看到大體老師的輪廓。

在等待的漫長三、四年中，每逢清明、年節或是大體老師的生辰、忌日，許多家屬都會特地來這裡遙望致意，有些家屬還會在遺體儲存室外牆的大體老師姓名牌旁邊，留下寫滿思念的便利貼或小卡片，我偶爾會到這條走廊上看家屬給大體老師的留言，這些留言真的非常催淚。

這幾年，我更常走到遺體儲存室外，因為裡面有我認識的人。蔡宗賢醫師，我們都稱他宗賢爸爸，我們帶過同一班學生，曾經與他聊天，看著他具感染力的笑容、聽著他熱情的述說他的人生經驗。他生前是一位牙醫，雖然因為小兒麻痺身有殘疾，但他心地無比美麗，儘管行動不便，但仍每週不辭辛勞到偏鄉義診，八年從不間斷，足跡累計超過三十二萬公里，可惜天不假年，正值壯年就病逝，死後捐贈大體遺愛人間。

在他名牌旁邊，貼著好幾張寫著摻雜注音、筆跡稚拙的便利貼，上面寫著：「爸爸，ㄓㄨˋ您父ㄑㄧㄣ節快樂，您好好˙ㄜ，因ㄨㄟˋ我ㄓ道您ㄉㄡ ㄉㄨㄟˋ我ㄏㄣˇ好，ㄙㄨㄛˇ一ˇ我會好好ㄉㄨˊ書，ㄖㄤˋ您放心的」、「爸爸，我想您在ㄌㄧㄥˋ ㄨㄞˋ一個ㄕˋㄐㄧㄝˋ了吧，我好愛您˙ㄜ，我想您還會做我爸爸的」……

刻骨的思念，溢於字裡行間，像這樣深情的留言，還有好多好多，雖然已經看過許多次，但每一次看，仍覺得眼眶發熱，也愈發覺得自己責任重大。

對家屬來說，他們親愛的家人彷彿還活著，在正式啟用前，他們都是懸著心在等待的。經過了三、四年，當「那一刻」真正來臨，對家屬而言，肯定是百感交集，我們希望清楚讓他們知道：我們會非常慎重對待您的家人，請您安心。

在大體解剖學課程開始之前，學校會舉辦一個正式的啟用典禮，邀請大體老師的家屬也一起來參加，提醒學生也承諾家屬：課程即將開始，我們將用心學習。

暑假家訪之後，各組學生都要整理大體老師的生平，在啟用典禮之前做行誼簡介，跟大家介紹這位特別的老師，每一位大體老師背後，都有一個感人的故事，他們的大愛與胸襟，著實讓人動容。

有位大體老師生前告訴家屬：「雖然我書念得不多，但是想到能當醫學生的無語良師，我就很高興，非常高興。」而另一位大體老師彌留之際，喃喃囈語著：「我要去上課了……」、「三天……」這些聽起來似是臨終前無意義的言語，在三年後，因為學生的到訪，家屬有了新的解讀：「因為天上一天，人間是一年。」大體老師的姐姐特別為此做了一首詩，道出了他們最大的期許：「天上謂三天，人間已三年。大願成良師，唯盼後輩賢。」

可不是嗎？如此深重的託付、如此漫長的等待，為了就是這一句：唯盼後輩賢。

行誼簡介完，接下來就是啟用典禮。會有一個簡單隆重的宗教儀式，然後由醫學生揭開覆蓋在老師身上的往生被，供家屬瞻仰遺容，這是這三、四年來，家屬第一次這麼靠近他們的親人。

啟用典禮之後，還有一個簡單的茶敘，讓學生與家屬交流。有些家屬會殷殷叮嚀說：「我媽媽很怕痛，你下刀要輕一點喔。」也有家屬很豪邁的告訴學生：「你放心，盡量割，重要的是好好學！」無論是要學生審慎一點，或是大膽一點，我都覺得是非常好的提醒。

視病如親的理想

我們發現，很多學生經過家訪、啟用典禮之後，彷彿都充滿能量，分享時雙眼炯炯有神，立志將來要成為良醫。

不過醫學系的功課實在太重了，解剖學又是要求極為嚴格的一門課，啟用典禮後那種澎湃高昂的「熱血感」，在學期開始之後，就會被壓力慢慢磨損，取而代之的則是疲勞與挫折感。不過，我相信大體老師的託付，在孩子們心中已經埋下了使命感的種子，提醒他們莫忘初衷。

有別於其他醫學院校早期的作法，在大體解剖課之後，就把支離破碎的大體直接拿去火化，我們學校要求學生必須讓大體老師「恢復原貌」，把卸下來的肢體、切割過的傷口一一縫合回去，拿出來的臟器也都放回歸屬的體腔，當然，絕對不能把不同大體老師的身體相混在一起。等一切處理妥當以後，再邀請家屬參加，舉辦完送靈典禮以後，才會逐具個別火化。

許多學生們在學期末辛苦縫合完陪伴了一整學期的大體老師以後，都會有種鬆了一口氣，但又十分不捨的複雜感觸，有些學生還會在縫合完畢時落淚。

有不少學生因為大體解剖課，與大體老師的家屬建立了親厚的情誼。有些大體老師的家屬，彷彿把這些孩子視為家族晚輩似的，經常殷殷地給學生寄食品來；也有不少學生常與家屬聯絡，定期問安並報告進度，「爺爺、阿姨」叫得好親熱，幾年前，我還聽說過，有畢業生後來結婚，還邀請大體老師的家屬去參加婚禮。

我相信，在這整個過程中，大體老師提供給這些孩子們的，不只是解剖的知識與經驗而已，也讓這些未來醫師們領悟「視病如親」的理想。將來執業時，能用更溫暖、體恤的心情來面對病患與家屬。

莫忘初衷

慈濟大學解剖學科位於大捨樓，大捨樓一樓為模擬醫學中心，由模擬醫學中心通往二樓解剖講堂的梯間轉角處，有一塊很大的燈箱光牆，上面寫了一個大大的書法字「捨」，下面還有一行註解：「當有一天，你們能在我身上動刀時，就是我心願圓滿的時候。」

這是大體老師李鶴振生前留給所有醫學生的勉勵。

鶴振老師是一位胰臟癌的患者，六十二歲就過世了，當初鶴振老師知道自己得了末期胰臟癌以後，便決定要捐出自己的身體，供醫學生解剖用，從那時候開始，他便拒絕化療與開刀（註），希望能夠把自己的肉體保持在最完整的狀態，交給學生們練習。

鶴振老師住在心蓮病房（即慈濟醫院的安寧病房）時，已經簽了大體捐贈同意書，老師們心想，現在大一的醫學生，極有可能在大三時會解剖到鶴振老師的大體，便帶著他們去訪問鶴振老師，他是極少數在生前就與學生面對面的大體老師。

那一次的交流，也有側錄留下影片。被病魔折磨的鶴振老師有些蒼白憔悴，還插著鼻管，但神情非常寧靜安詳，第一次在影片中看到、聽到李鶴振老師有點哽咽，但帶著微笑對著未來可能要在他身上動刀的醫學生們說出這句話時，我的內心極為震撼，眼淚不自覺的流下來。

我們現在仍會播放這段珍貴的影片給學生看，希望鶴振老師的期待，能夠傳達給每一個醫學生，對我自己而言，每一次看這支影片，也是再一次告訴自己，不要忘記自己從事解剖教學的初衷：要帶給這個世界更多術德兼備的良醫。

根據台大公衛學院二〇一三年一份針對醫學系學生的調查報告發現，僅有6%的醫學生選科是為了「救人的成就感」，多數醫學生選科理由，還是基於生活品質、醫療糾紛多寡等考量。

傳統社會觀念中，醫生好像是個高高在上、神一般的行業，但時代不同了，現在醫生並不好當，動不動就被病人告上法院。不管是那個醫學院，學生們普遍都希望能走獲利高又能兼顧生活品質的「五官科」，而醫療糾紛多，工作壓力又大的難、重症的專科，大家避之唯恐不及，導致醫院的四大科「內、外、婦、兒」四大皆空，若再加上個「急診」，就是五大皆空。

醫生也是凡人，我能夠理解學生們的選擇，但我內心仍暗自盼望，能夠有更多熱血青年願意投入「救死扶傷」的醫學職志。

我相信，這不只是我們這些「活老師」的期盼而已，也是大體老師們最深切的提醒與願望。

註：我們並不鼓勵民眾為了大體捐贈而放棄積極性的治療，且部分手術治療只要傷口癒合，仍可以進行大體捐贈；癌症病患進行化學治療與放射性治療並不會妨礙大體捐贈。

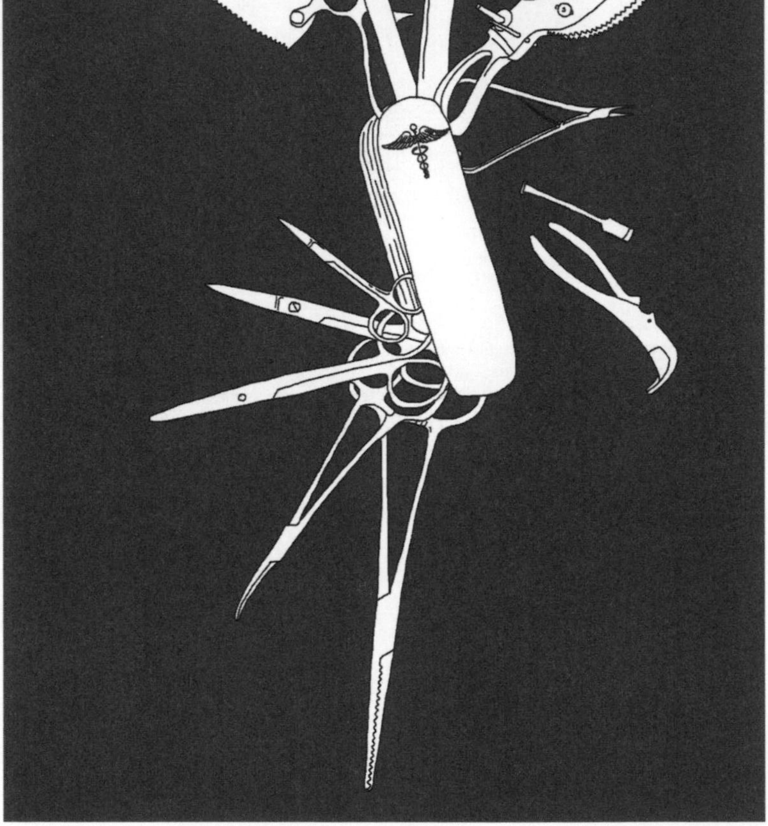

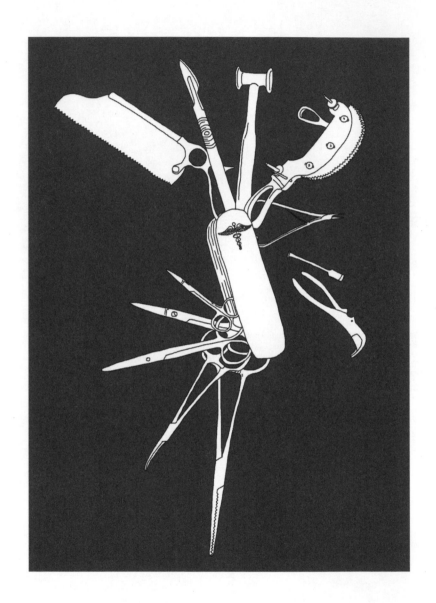

第二課

忐忑的第一刀：從手部開始

在正式劃下第一刀之前，醫學生得先通過知識的考驗。開始解剖之前，我們會先舉行開學考。老師們在模型或骨骼標本上出題、標記，學生必須在限制時間內寫下正確答案。正常人體擁有二百零六塊骨頭，以及約六百四十條肌肉，我們不但要求學生要先熟悉這些專有名詞，還必須記住肌肉附著位置的起終點，以瞭解肌肉收縮時會如何帶動骨骼，這些基礎知識，他們得在開課前的暑假就先準備好。

要記住這些複雜的內容頗累人，但能念醫學系的學生都是聰慧的孩子，只要肯下工夫，這並不難克服，真正的挑戰，還是下刀。

自然組的學生高中時或許有解剖過青蛙，一些念資優班或科學班的孩子，可能還有解剖小白鼠的經驗，但是，那些經驗跟解剖「人體」相比，實在是小巫見大巫，不只是知識門檻拉高了，還有心理障礙必須克服。

也因此，大三醫學生的第一刀，大四學長姐都會回來幫忙，協助他們穩定情緒。我們本來就有「小助教」的制度，每一組會分配一、二位學長姐，他們有空的時候就會進實驗室協助指導。而在第一刀時，不只是小助教會來，幾乎所有上一屆的學長姐都會來陪他們一起進實驗室，他們是過來人，充分暸解這門課的困難。

領略人體奧秘的開端

實驗室裡排列著三列鋥亮的不銹鋼解剖檯，十二位大體老師躺在上面，等候學生透過他們來學習。

對於第一次面對人類遺體的學生而言，實驗室的氣氛是頗肅穆微妙的。學生們個性很不一樣，有些會說他想劃第一刀，有些則會讓來讓去，不管是哪種個性，反應都比平時緊張，看到他們的模樣，忍不住也會回想起自己與大體解剖的第一次接觸。

我和其他解剖學老師的背景比較不同，我大學、研究所讀的都是動物學系，因為大學修比較解剖學時，對解剖產生興趣，碩士畢業以後，剛好看到長庚在徵聘解剖學助教，就去應徵了。

畢竟我沒有經驗，跟解剖學科主任面談時，我有點忐忑的問：「我沒有修過大體解剖學，這樣符合資格嗎？」科主任說：「沒修過沒關係，我只有一個問題：你怕不怕？」

我搖搖頭回答：「不怕，我為什麼要怕？」大部分人面對人類遺體，都會有心理障礙，但我是很典型學自然科學的人，還真的是絲毫沒有芥蒂。

「只要不會怕就好，其他可以學的，都容易解決。」

第一次做大體解剖時，我的心情很緊張，但並不是因為對遺體的恐懼，而是擔心我自己準備得不夠紮實，雖然我整個暑假都在讀書、詳讀圖譜，但還是擔心自己無法勝任。

幸運的是，我進去的那一年，剛好遇到鄭聰明教授做示範組，他的技術非常高超，能夠把組織解剖得很漂亮，做為助教，我可以跟在他身邊，學習如何操作，打下很紮實的基礎。

鄭教授對於人體科學非常著迷，經常對著解剖出來的構造發出讚嘆：「這真是太美了！」

確實是如此。不只人體，以前修比較解剖學時，解剖脊椎動物，無論是軟骨魚、硬骨魚、兩生類、爬蟲類、鳥類、哺乳類，都能讓我打從內心發出讚嘆，透過解剖，親眼看到每一條肌肉如何帶動附著的構造；神經、血管是如何分開、聯合，然後到達它所支配或供應之處；每一個組織、器官，一絲不亂各司其職，都是如此精密複雜，令人驚嘆，我想很多學生命科學或醫學的人，都會因為這種奇妙，對生命湧現強烈的敬意。

在台大動物所碩士班研讀時，我的研究以小白鼠為實驗動物，主要是利用電子顯微鏡技術，觀察精細胞內胞器的轉變，以形態學的角度分析歸納出精子細胞在形變過程中各胞器的變化以及其生理意義。

我之後赴美，在康乃爾大學攻讀博士，我申請的領域是生理學，不過我的指導教授的主聘則是在獸醫學院解剖學系下。在她的帶領下，我有機會瞭解全美數一數二的康乃爾大學獸醫系，如何將解剖學、組織學、影像學等學門整合並結合臨床案例，對於我後來的教學有很大的幫助。

讀者或許會有些疑惑，這到底跟「解剖」有什麼關係？

大部分人一想到「解剖」，就直覺應該是要「剖」，但「解剖學」其實是一門描述生命體形態的科學，大體解剖學主要是透過肉眼觀察人體不同器官、構造的特徵，但若想進一步研究上皮組織、神經組織、肌肉組織……等組織的形態或細胞的特徵，則必須透過儀器如光學顯微鏡或電子顯微鏡才能觀察到，由於組織學也是「描述形態的科學」，只是需借助解像力更高的顯微鏡來觀察，因此也稱為「顯微解剖學」，也在解剖學的範圍中。

回國以後，我就在慈濟大學教大體解剖學與組織學，一直到今天。每一年，看著這些忐忑的「大體解剖學新鮮人」，經常讓我回想起當年的那個自己。這一門課頗為吃重，壓力很大，但這也是一個能夠領略人體奧妙的最佳機會，我期待這些年輕孩子們都能夠認真學習，雖然過程辛苦，但這一趟學習之旅，絕對值回票價。

工欲善其事

第一堂課，我們會先做器械介紹，教學生使用器械的正確方法。

最主要的工具就是手術刀，也就是大眾所熟知的「柳葉刀」，由一個刀柄和刀刃組合而成，刀刃可以替換，十分鋒利。學生初拿手術刀，拿法五花八門，很多人都像吃西餐那樣懸腕拿刀，這是不正確的，我們會要求他們像握筆一樣執手術刀，這樣動作才會穩定精準。剛開始學生不熟悉，加上大家又可能七手八腳想幫忙，經常會不小心劃到自己或別人，頭幾節課出血見紅，忙著幫學生包紮，是常有的事。

我們要求學生第一刀劃在胸部正中央，逐步解剖出胸大肌及相關構造，胸部正中央皮膚深層的皮下脂肪不多，刀再下去就是胸骨，不必擔心劃太深會傷到深層組織影響之後的觀察，是很理想的「第一刀」部位。刀片耗損率其實蠻高的，每一次上課，我們都會發給學生新的刀片，大概解剖二、三個小時之後就不夠利了。

除了手術刀以外，還會有許多大小、弧度不同的剪刀、鉗子、鑷子。大剪是用來剪開肌肉或剪斷神經血管的，小剪則常被用來撐開構造，好方便觀察。鉗子在臨床上，經常是用來夾住血管兩端以止血，防腐處理後的大體老師並不會流血，我們的主要用途是當翻開皮膚時，為了避免脂肪太過滑溜會妨礙作業，會讓學生用止血鉗夾住皮膚固定，以方便觀察及後續解剖。

一般人使用剪刀的手勢是水平的，但解剖或手術時使用撐開組織的小剪，手勢卻是垂直的。學生一開始動作有點笨拙，但學了一整個學期以後，就能熟練垂直使用小剪，甚至太過「習慣」，就連日常生活拿一般剪刀，也都下意識用垂直手勢，我有時候看到，忍不住會笑他們：「你們修完大體解剖學以後，連剪刀也不會拿了啊？」

除了這些器械以外，還會提供他們探針。探針是細長的不鏽鋼金屬條，可以拗折，有時候我們要觀察某些孔洞的起始與終點，或是要追蹤一條神經的走向時，為了避免貿然切割會損傷到神經，就會使用探針沿著神經或血管的走向去探測。

這些器械屬於常用器械，都會整齊放在解剖檯邊的器械推車上，另外還有一些特殊器械，例如雙排鋸（有雙片平行半圓形鋸片，用以鋸開脊柱觀察脊髓）、肋骨剪（一頭鉤狀，一頭半月狀的特殊工具，可以從側面剪開肋骨，並避免傷害到肺臟）、骨鋸（用來鋸開堅硬的骨骼，例如要觀察腦時，必須先把頭骨鋸開）、鐵鎚與鑿子等，這些並不是常用器械，會先收在櫃子裡，需要時再取出。

學期末時，我們會把大體老師縫合回原來的樣貌，這時會發給學生持針器、針和手術線，持針器結構類似止血鉗，下面有扣環，可以夾緊形狀彎曲的針，用以縫合。

氣味與質感

因為大體老師們都經過福馬林固定，實驗室必然會瀰漫著甲醛味。其實晚近的福馬林灌流技術進步，已經大幅減輕了甲醛味，若是早期用浸泡的處理方式，加上實驗室排換氣設備又不足時，味道會更強烈，但即使如此，還是不可能避免那股氣味，有些學生呼吸道比較敏感，剛上課時，常被刺激得眼淚鼻涕齊流。

甲醛的味道還算好的，比較令人不舒服的是脂肪和福馬林混合以後的氣味，那是一種很難形容的濃重油蒿味，而且不容易消除，可能上完課以後，洗了很多次手，味道仍然殘留在手上。不知道是不是這個原因，許多剛接觸大體解剖課的學生，下課後都不太有胃口。但這就是學習這門課必須付出的代價，所幸絕大多數學生上了一陣子課以後，也就習慣了。

我想學生們第一次見到大體老師，應該都會有些訝異：怎麼顏色會這麼深？那是因為大體老師經過福馬林處理，膚色會變成褐色；不但如此，皮膚的質感也會改變，變得類似皮革一樣，比較硬。

一般臨床上如果要在病人身上開口，醫生會盡量不要開太大，活人的皮膚是有彈性的，可以用拉鉤拉開切口擴大視野方便手術進行，手術處理完以後，縫起來傷口就不會太大。但是這種作法在福馬林灌流後的大體老師身上是行不通的，遺體的皮膚缺乏彈性，是完全拉不動的，以至於我們需要看多大的視野，就得把切口開多大。

大體上的「鈕釦」

第一堂課，我們是做上肢相關的解剖。為了後續課程能清楚觀察到支配上肢的神經與血管，我們首要任務是解剖出胸部的胸大肌。我們從胸口正中切下第一刀，之後沿著胸廓（肋骨下緣）切開，讓皮膚可以像外套一樣翻開來，看到胸大肌，胸大肌附著在胸廓、胸骨以及鎖骨跟肱骨上，而之後為了觀察更深層的構造，也要沿著這些附著處把胸大肌切開，僅留下肱骨的附著點。

在慈濟大學有個原則：解剖時，不能有皮膚、肌肉從大體老師身上掉下來。有些醫學系可能會允許學生將皮膚切下來放在旁邊，我們所使用的解剖學實習指引也如此指示，但在慈濟大學，因為學期末我們要把所有肌肉、臟器都復位，所有切割線最後都要縫合回去，若不這麼要求，一旦肌肉切落，不管哪個部位，堆在一起都長得很像，期末恐怕會搞不清楚原位在哪邊。或許有些學校可能會覺得有點多此一舉，但我個人認為，這個規定其實也有好處，會要求學生在操作時更謹慎小心，對他們未來行醫，是有幫助的。

但畢竟肌肉還是得經過適度切割，深層的構造才看得到，也因此，我們解剖的步驟與技巧要仔細設計，要考慮到淺層的肌肉與神經要怎麼切割，才不會整片掉下來，但又不至於擋住視野，妨礙到深層構造的觀察。

第一堂課，我們會教學生一個技巧，叫做製作「button」（鈕釦）。以胸大肌為例，我們解剖時，除了要能看到肌肉，還要知道支配這塊肌肉的神經血管是什麼。「鈕釦」的位置，就是把支配胸大肌的神經，還有供應胸大肌的血管，留在這個鈕釦狀的肌肉上。學生要先找到供應胸大肌的神經血管，因為胸大肌很大一片，而神經血管走在肌肉深層，我們勢必要翻開肌肉才能觀察到它們以及更深處的構造，可是在把胸大肌由胸部中央向外側翻開時，很有可能扯斷神經血管，若神經血管全都斷了，日後複習時，學生可能會搞不清楚斷掉的構造去向何方。

為了避免混淆，我們會刻意在神經血管的主幹進入胸大肌的地方，留下一塊大約五十元硬幣這麼大的肌肉，作為「鈕釦」，如此胸大肌可以翻開觀察，又可以保留神經、血管的完整性，讓學生充分瞭解支配這塊肌肉的神經跟血管來自何方。

複雜的臂神經叢

上肢部分，我們會解剖大約五個星期。解剖的順序如下：先是腋下、上臂、前臂，然後再到手。

學生花最多時間是解剖臂神經叢。人體上肢所有神經的支配，都是來自臂神經叢，臂神經叢是由第五、六、七、八頸椎神經與第一胸椎神經組成的神經叢，從頸部開始，向兩側延伸出來，走在鎖骨下方，神經間經過一些交會、分叉，匯集之後，再經過腋下到上肢。

因為人類上肢所有的神經，都是從頸椎第五節到胸椎第一節間鑽出來的神經所支配的，所以若後段頸椎受傷，很有可能會影響到手部的動作，這就是因為臂神經叢受損的緣故。

因為許多重要的神經血管都在腋下，這個部分的解剖，是最消耗時間心力的。學生剛開始還不熟悉，加上很多神經、血管旁邊都有許多脂肪。脂肪的存在，主要都是為了提供緩衝，以保護這些重要組織，但我們必須要把這些脂肪和結締組織都清掉，才能清楚看到血管神經。

我們強調肌肉不可掉落下來，學期末會全部縫合回去，並把臟器歸位，但人體脂肪遍布全身，既零碎又看起來沒有差異，實在沒有辦法一一復位，我們會把清下來的脂肪另外放入專用的脂肪桶中，待學期末集中放進棺木中跟大體老師一起火化。

學生在上課以前，就已經讀過圖譜，臂神經叢的圖譜非常精細美麗，有些學生上課前會有點懷疑，是否圖譜太過「美化」，人體實際的情況哪有可能如此？但是當他們切開來看時，就會發現，人體就是這麼美妙。

圖譜和實際人體的差別是：圖譜為了讓學生容易分辨，血管和神經會以不同的顏色標示，但人體組織可不會有這麼誇張的顏色差異，對於經驗不豐的學生來說，神經和血管長得實在很像，有可能會搞不清楚。我們會教學生用鑷子去夾夾看，神經是實心的，血管是空心的，質感不一樣，但有些神經或血管極細，也有像頭髮這麼細的，就很難「夾」出差異感，這時候或許可以藉著追溯到更上游的主幹，來觀察判斷到底是神經還是血管。

蜜月手、電腦手、媽媽手

臂神經叢出了腋下以後，會形成四條主要神經來到上肢：分別是肌皮神經、正中神經、橈神經以及尺神經。要找到這四條主要神經並不困難，問題是大體老師的手可能會有些彎曲，加上皮膚僵硬，手掌可能緊握等，使翻皮進度較慢，所以在實驗室經常看到學生努力在按摩大體老師的手部，好增加一點延展性。

肌皮神經主要支配上臂屈肌，大家熟知的肱二頭肌即是其中之一。當我們在顯示自己肌肉發達時，經常比出像大力水手卜派的姿勢，在上臂鼓起的肌肉就是肱二頭肌，而這動作能完成，就是藉由肌皮神經的支配。

正中神經支配前臂大部分屈肌及手掌大拇指側的肌肉，掌管像是彎屈手腕及手指等動作；也負責手掌、大拇指、食指、中指及一半的無名指這三指半部位的皮膚感覺。

我們常聽到的「電腦手」、「腕隧道症候群」，就是正中神經受到壓迫造成的。之所以會稱為「腕隧道」，是因為當手掌朝上時，腕骨的排列是凹狀的，凹口兩端由橫腕韌帶圍住，看起來像是隧道一般的結構，所以叫做腕隧道。我們彎屈手指的肌腱，包括正中神經及血管均通過腕隧道由前臂進到手掌，當這部分的結締組織因為過度使用或壓迫而發炎，就會腫脹增厚，擠壓到正中神經，產生疼痛。因為正中神經支配手掌三又二分之一的皮膚感覺，會造成大拇指側三指半邊手掌及手指的酸麻或疼痛感，另外因為正中神經也支配大拇指基部的魚際肌，因此也有可能造成大拇指有使不上力的現象。

橈神經走在我們上臂的後面，位在肱三頭肌跟肱骨之間，大約在肱骨中下段時，會呈螺旋狀從內側往外側轉，之後就會往前臂大拇指側走。主要支配上臂的肱三頭肌以及前臂所有伸肌。

有些男子會罹患所謂的「蜜月手」，理由是因為女伴徹夜枕著他的手臂睡覺，橈神經長時間被壓迫而酸麻無力，因為這種情況常發生在兩情繾綣的新婚階段，才會有「蜜月手」的別名。

雖然被當枕頭的部位是上臂，但酸痛會延伸至前臂的背側跟手背，導致手腕無法伸直，那是因為橈神經受壓迫時，影響到前臂背側的伸肌。若罹患了「蜜月手」，不嚴重的情況，只要別再枕著手睡覺去壓迫神經，過陣子也就自然好了，但若情況嚴重，就得尋求專業治療。

關於橈神經，還有一種常見的病症叫做「橈骨莖突部狹窄性腱鞘炎」，也就是俗稱的「媽媽手」。通常是因為經常反覆做大拇指伸直及外展的動作，影響到大拇指側手腕部位的外展拇長肌及伸拇短肌。在姿勢不當或過度使用下，容易使這兩條肌腱的腱鞘（即肌腱周圍用來保護潤滑的囊狀構造）發炎腫脹增厚甚至沾粘，當運用這部位時，肌腱在狹窄的腱鞘中一移動，就壓迫到橈神經，導致疼痛。許多母親為了抱孩子，長時間撐大手掌，過度使用外展肌跟伸拇短肌，導致肌腱腱鞘發炎，因故得名，但這可不是媽媽的專利，凡是需要大量使用大拇指的人，都有可能遇到這種問題。

至於尺神經，則是支配前臂及手掌靠小指側的部分肌肉，及小指、無名指靠近小指這一側二分之一部位的皮膚感覺。

有時候我們不小心敲到手肘內側，會立刻產生一陣刺痛酸麻，俗話說這是「敲到麻筋」了，就醫學上來說，其實是刺激到尺神經了。因為尺神經由上臂往前臂延伸時，在手肘內側走得很淺，只是繞在肱骨旁邊而已，只要敲到，就會立刻有酸麻反應。

「執子之手，與子偕老」的科學解釋？

除了神經，當然也會讓學生觀察肌肉。在上肢部分，手臂的肌肉算是蠻單純的，上臂後方只有一條伸肌（用以伸展手肘），為肱三頭肌；而前面則是屈肌（用以彎曲手肘），共有三條，分別是：肱二頭肌、肱肌和喙肱肌。而前臂的肌肉也大致分為前方的屈肌和背側的伸肌，負責控制手腕與手指的動作。

前臂的動作較單純，主要是彎曲、伸直、旋前（手心向下）及旋後（手心向上），但我們的雙手及手指頭還可以做握拳、內收、外展、對掌等精細動作，那是因為人類手掌構造非常精細，除了手掌內部就有十九塊肌肉各司其職外，手指部分更有由前臂肌肉延伸過來的肌腱控制指頭的動作，這也是人類雙手之所以這麼靈巧的原因，但也因此，手部若遭受嚴重損傷，手術難度是很高的。

談到手掌肌肉及肌腱執行的動作，不禁想起一件生活趣事。有一次家人一起聊天，我小叔跟大家提起一段網路上廣為流傳的影片「無名指的秘密」，影片中的敘事者先拋出一個問題：「為什麼婚戒要戴在無名指上？」敘事者說，關於這個問題的答案，華人有一個很奇妙的傳說：首先，他伸出兩手，將中指彎曲，對靠在一起；接著，將其他四個手指分別把指尖對碰在一起。

根據影片敘事者的說法，不同手指象徵著不同的人際角色：中指代表的是你自己，大拇指代表的是你的父母，食指代表手足，無名指代表配偶，而小拇指則代表子女。

把中指對好以後，他便逐一試著分開每一對指尖相碰的手指。大拇指輕易就分開了，意味著我們的父母總有一天會老去，離開我們。接著，合上大拇指，再試著張開食指，也輕易分開了，意味著兄弟姊妹終究會各自成家，擁有自己的人生，也會離開我們。

接著，試著分開小拇指，也很容易，這意味著子女會長大，遲早會離開自己，建立他們的家庭。最後，敘事者要大家試著分開無名指，跟剛剛不同的是，無論怎麼努力，都無法把指尖相碰的無名指分開。

影片的意義是：這世間任何人際關係都會改變，即使親如父母子女，也無法例外，只有配偶才是終身與你相守、跟你關係最緊密的那個人。結論是：所以婚戒才要戴在無名指上。

我想第一次體驗這個小遊戲的人都會覺得很驚奇，再搭配上這麼浪漫的說法，應該會覺得很感動吧？尤其是女性，應該對這個小遊戲更有感覺，心中恐怕會立刻湧現「執子之手，與子偕老」的滿腔柔情。

我第一個反應也頗驚奇，但驚奇的不是這個浪漫的「無名指的秘密」，而是：「能想出這個遊戲的人真不簡單，他應該具備巒多解剖學的知識。」

為什麼呢？因為他知道大拇指、食指、小指自己都擁有一條獨立的伸指肌，此外，人體的手背有一塊來自前臂背側的伸指肌，這塊肌肉有四條肌腱，分別會到食指、中指、無名指及小拇指這四個指頭。但因為是共用同一條肌肉，所以會彼此影響，一旦中指彎曲，會影響到那一條伸指肌的有效收縮，於是就沒有足夠力量讓沒有獨立伸指肌的無名指分開；而大拇指、食指、小指因為有獨立的伸指肌，就不受影響，可以順利分開。

如果把無名指彎曲，就會發現所有的手指都能順利分開；若把食指彎曲，不容易分開的則變成直接被牽制的中指。總之，因為無名指沒有獨立的伸指肌，所以相對其他手指，它比較缺乏力氣，所以鋼琴師才必須特別鍛鍊無名指，以強化無名指的力道。說真的，我還真想去認識一個頂尖的鋼琴師，看看他中指彎時，相碰的無名指尖是否能順利分開呢，畢竟，他們可是有下苦功練過的，說不定可以突破這種限制。

經過我一番「專業科學」的解釋以後，所有浪漫旖旎的氣氛當場煙飛雲散。小叔忍不住揶揄說：「妳們學科學的女生還真無聊……」

哎呀呀，怎麼能這麼說呢？風花雪月是詩人的工作，而我們學科學的人，必須求真啊！我學了這麼多年解剖，又教了這麼多年解剖，人體的神經、血管、肌肉的分布與運作方式，早已內化成自己的一部分，「無名指的秘密是什麼？」噢，對我來說，大體解剖學早已告訴了我解答。

第三課

「發自肺腑」的驚嘆：胸腔解剖

解剖完上肢，接下來，就要進入「掏心掏肺」的部分——觀察胸腔。

首先觀察的是肺臟。人體的肺臟像兩個氣球，吸氣時擴張，呼氣時這個氣球擠出空氣，氣球所在的空間，就是胸膜腔。

要觀察這兩顆「氣球」，對學生們來說，必須經歷他們上大體解剖課以來，第一個比較大的破壞：用肋骨剪從大體老師身體兩側剪開肋骨，把整個前胸壁取下來。

打開之後，映入眼簾的就是肺臟。

通常學生的反應都蠻震驚的，大家「想像中」的肺臟，應該是深一點的肉色或粉紅色、看起來「很乾淨」的樣子，跟傳統市場上賣的赭粉色豬肺顏色「應該不會差太多」；但是他們取出前胸壁、剪開肺臟外的胸膜後，實際上看到的肺臟是暗紅或偏灰色的黯淡器官，上頭還密密麻麻佈滿黑色斑塊，一點也不「漂亮」、「乾淨」。

之所以會呈現這種顏色和狀態，並不是因為福馬林固定造成的，福馬林固定只會使器官顏色比較深，並不會造成那些黑點。

學生通常一看到肺臟上的黑色斑塊，第一個反應是懷疑大體老師生前有抽菸的習慣，但其實許多一輩子不抽菸的大體老師，肺臟也佈滿黑色斑塊，原來，除了抽菸之外，近年來越來越嚴重的空污、大家越來越熟悉的 PM2.5 細懸浮微粒、炒菜油煙……等等，也會在肺臟上造成類似的黑色斑塊。每一次吸氣時，隨著空氣進入人類肺臟的一些粉塵或細懸浮微粒，會被肺臟內的巨噬細胞吞噬，由於這些異物不易被分解的部分均儲存在巨噬細胞內，大量聚集的巨噬細胞便形成了這些肉眼可見的黑色斑塊。

相較之下，動物通常因為生命週期較短，還「來不及」變成這樣。像我們以前做實驗解剖老鼠，牠們都是實驗室飼養的，沒有吸入什麼污濁的空氣，加上通常在數個月後即被犧牲，也還沒活多久，所以解剖開來，肺臟顏色都是很乾淨的粉紅或鮮紅色；菜市場常見的食用動物，通常也都沒活很久就被屠宰變成盤中飧，牠們的肺臟看起來也都很乾淨。

可是人類是很長壽的動物，肺臟經年累月處理這些伴隨著空氣吸入的粉塵微粒，因此不管有沒有抽菸習慣，每個大體老師的肺臟上面都佈滿黑點，跟學生們的想像差很多。

老師以前呼吸很辛苦吧？

人體的肺臟左右各一，肺部表面有幾道比較深刻的凹痕，左肺只有一個斜向凹痕叫做斜裂，右肺除了斜裂還有一個較小的水平凹痕稱水平裂。這些深刻的凹痕將肺臟區分為幾個肺葉，如左肺有兩個肺葉（上葉、下葉），右肺則有三個（上葉、中葉、下葉），因為絕大多數的人心尖朝左，左側胸腔有少許空間被心臟佔據，因此左肺通常會比右肺稍小一點。

肺臟共有約三億個像小氣囊的肺泡，每個肺泡直徑約零點二毫米，總表面積大約有七十五平方公尺，相當於一個網球場的大小，比皮膚的總表面積還大，是人體總表面積最大的器官。

一般而言，跟其他器官相比，因為有很多可蓄積空氣的肺泡，肺臟算是比較軟的器官，可是有些大體老師因為疾病，例如肺癌，肺臟組織的質感就會不太一樣，摸起來會有一顆顆的腫瘤或硬塊。

我們也曾遇過有胸膜腔積水（也就是俗稱的肺積水）的大體老師，老師生前可能因為癌症、心臟疾病、肺炎感染或其他原因，造成過多組織液滲漏到肺臟所處的胸膜腔。過量的組織液造成胸腔內壓力增加，就可能會壓迫到肺臟，造成肺臟換氣上的困難，在胸部X光片中也會看到整個肺臟被擠壓得很小。

還有一次，打開大體老師胸腔以後，發現老師有一側的肺臟只剩下一個肺葉，像這種，就是老師生前有動過肺部手術的個案。

有些學生很可愛，特別有同理心，看到這些變形或尺寸特別小的肺臟，會忍不住驚呼：「唉呀，老師生前呼吸一定很辛苦吧？會不會喘不過氣來啊？」我想，這些孩子若能將醫術磨精，日後成為醫生，應該也是特別能體恤病人的良醫吧？

「開枝散葉」的支氣管

我們會把進出肺臟的血管、神經和支氣管都剪斷，好把整個肺臟取出，觀察支氣管分支的情況。

成人氣管直徑約莫是二點五公分，管壁由黏膜、肌肉跟C形軟骨組成。這實在是非常巧妙的構造，因為要隨時保持管道暢通，才能順利讓空氣出入，如果全是軟的肌肉質，那我們每次呼吸都要把癱塌的管壁重新撐張起來，恐怕會十分費力，但因為氣管有這些C形軟骨構造，不像純粹由肌肉構成的食道那樣軟塌，所以空氣出入比較容易。

這十六到二十個C形軟骨之間由黏膜、結締組織和肌肉等連接成管狀，長相有一點類似浴室洗澡用的蓮蓬頭環狀金屬水管那樣，差別在於，蓮蓬頭水管的環節是O

形，整圈同一材質都一樣硬，而支撐我們氣管主要的結構卻是C形軟骨，造成氣管前硬後軟。

這個C形軟骨的開口向後，前方與兩側是稍硬的軟骨，我們摸自己的頸部，也可以感覺到那是頗結實的組織；而開口後方，則是柔軟的平滑肌，因為氣管後方緊貼著食道前壁，後方是肌肉而不是軟骨，因此我們進食吞嚥時才不會有食物摩擦氣管後壁的明顯感覺。

氣管於第六頸椎的高度由頸部進入胸腔，在第五胸椎上緣，分為左右兩支主支氣管。通常左邊支氣管走向比較水平一點，也稍稍長一點，相較之下，右邊的支氣管比較短，直徑比較寬，走向也比較直，因此臨床上小朋友不小心誤吞異物卡在呼吸道，經常就是塞在右邊支氣管這裡。

右肺的支氣管，會進一步分三支次級支氣管，而左肺則會有兩支，分別進入每一肺葉。從這些次級支氣管，又會再往下「開枝散葉」成三級支氣管、四級支氣管……最後會不斷分支成更細的終末細支氣管。

就大體解剖這門課的要求，我們會解剖到三級支氣管，至於更細小的細支氣管分支則在組織學課程中，於顯微鏡下觀察。按照不同的支氣管供應，左右肺臟大概可以區分成八到十個支氣管肺節，對醫學生而言，這有很重要的臨床上的意義。

因為每一個支氣管肺節，分別由一支三級支氣管及一條肺動脈分支供應，並由獨立的肺靜脈分支與淋巴管負責血液與組織液回流。若肺臟有部位發生嚴重病變，需要透過手術摘除部分肺臟時，支氣管肺節可單獨切除，不至於影響到肺部其他部分，患者術後未受影響區城仍能維持正常的呼吸功能。那些剩下局部肺臟的大體老師，有些生前就曾動過類似的手術。

「真心」原來如此

除了肺臟，心臟也是胸腔這個部位的重頭戲。

整個大體解剖課，經常發生「跟想像不一樣」的情形，學生常打開來眼見為憑以後，訝然驚呼：「怎麼這麼大？」或「怎麼這麼小？」

心臟，就是他們覺得「怎麼這麼大」的器官之一。

中學時，生物或健康教育課本告訴我們，說心臟大小約跟緊握的拳頭差不多大，學生們也一直抱持此印象；但實際上，人類的心臟恐怕比成年男性的拳頭還大一點，尺寸大概跟市場可見的豬心差不多，是個相當有份量的臟器。

一般人認為的「心臟居左邊」，其實也不盡正確，基本上，人體的心臟仍是位於胸腔中央，只是心尖偏左。心臟外層有心包膜，貼附在心臟表面的是臟層心包膜，而在心臟外圍不直接接觸心臟的為壁層心包膜及纖維性心包膜，纖維性心包膜為頗堅韌的結締組織，功能是保護心臟。臟層和壁層心包膜間的空間叫做心包腔，也就是心臟所在位置，內有少許組織液，具有潤滑作用，減少心臟跳動時的摩擦力。我們必須要把貼合在一起的壁層心包膜及纖維性心包膜剪開，才能看清楚整顆心臟。

臟層心包膜本來應該是單層上皮和薄薄的結締組織，但有時候我們會看到有些大體老師的心包膜上面有很多脂肪，這就是一般稱的「心包油」，當血液內脂肪過高，就有可能堆積到心臟表面。

為了要仔細解剖、觀察心臟，我們會先要求學生剪斷進出心臟的主要動脈和靜脈，才能把心臟由心包腔拿出來。

心臟是一個中空構造，分為左右心房與心室四個空間。心房與心室由瓣膜隔開，稱為房室瓣，左心房跟左心室之間的房室瓣稱為二尖瓣，又稱為僧帽瓣；右心房跟右心室之間的房室瓣，則稱為三尖瓣。

主動脈跟左心室之間、肺動脈跟右心室之間，也都有瓣膜，因為形狀類似半月形，稱之為半月瓣，目的是防止血液在心室舒張時由動脈倒流回心室。

心臟的運作是這樣的：當心房收縮時，二尖瓣跟三尖瓣會打開，讓血液進到心室，而此時，半月瓣是關閉的；等到心室收縮時，二尖瓣跟三尖瓣則是閉合起來的，讓血液不會回衝到心房，而是被打到它該去的動脈：在右心是進肺動脈，在左心則是進主動脈。

關於瓣膜，平時最常聽到的病名就是「二尖瓣脫垂」。在正常的情況下，當血液由心房流向心室時，房室瓣會打開；當心室收縮時，房室瓣應該要閉合起來，避免血液由心室回流到心房。

但如果因為病變或其他原因，導致二尖瓣瓣膜變得肥厚或鬆弛，因而脫垂無法完全閉合，部分血液就會逆流到心房，以至於進到主動脈的血液比較少，這就是「二尖瓣脫垂」。

二尖瓣脫垂的盛行率其實不低，大約是2～3％，大多數患者並不會有明顯症狀，無須特別治療，少數人會有心悸、心律不整等症狀，另外還有極少數患者，可能會產生較嚴重的合併症，像是感染心內膜炎等，這類病患就須特別注意。

冠狀動脈：心臟養分的供應者

在學生把心臟移出胸腔之後，首要任務就是讓學生先找到供應心臟的重要血管，也就是大眾耳熟能詳的「冠狀動脈」。

連接左心室的主動脈基部，左右各有一條血管分支，分別是左冠狀動脈與右冠狀動脈，負責供應心臟的養分與氧氣。

左冠狀動脈在心臟左前側分支為二，一條在左心房和左心室交界處向心臟後方繞，另一條走在心臟前面、左右心室交界處，為供應左右心室間隔血液的血管，這也是比較常堵塞的血管。而右冠狀動脈，則從右邊往後繞到心臟後面，供應右心房與右心室養分。

若冠狀動脈血管壁因為老化或其他原因變硬，或是血管中粥狀脂肪斑塊沈積，導致血管狹窄，就會影響供應心臟的血流量，當血流量減少到一個程度，就會導致心絞痛，一旦堵塞，就會造成心肌缺氧，也就是大眾所熟知的心肌梗塞，若患者血壓很高，也有可能讓硬化的血管因此破裂出血，是非常危險的疾病。

追蹤體循環主要血管

把肺臟、心臟都拿出來以後，我們還會要求學生觀察胸腔後壁。

之前要取出心臟時，必須剪開很多大血管：從左心室出去的是主動脈，右心室出去的是肺動脈；而回到心臟的血管，則有進入左心房的肺靜脈及進入右心房的上、下腔靜脈，這些都要剪斷，我們會讓學生一一找到這些血管。

細胞的生化代謝反應需要氧氣，必須藉由體循環來交換氧氣與二氧化碳。人體左心室把充氧血打出去，往上會到頭頸，往下則到軀幹跟四肢，血液中氧氣釋放進入細胞內，細胞的代謝產物二氧化碳則進入血液，交換完以後，這些缺氧血回到右心房，再經由肺循環由肺動脈進入肺，透過呼吸把二氧化碳排出，吸入的氧氣進入血液，充氧血再經由肺靜脈，回到左心房，待左心房血液進入左心室，再一次進入體循環。

體循環中用來輸送這些缺氧血的靜脈最後由兩條血管回到右心房，上腔靜脈收集來自頭頸、上肢及胸部回流的血液，下腔靜脈則收集來自腹部及下肢回流的血液。

教科書圖譜為了讓學生清楚瞭解，血管、神經都用不同顏色顯示，紅色是動脈，藍色是靜脈，神經則是黃色。但在真實人體可不會有如此鮮明的色差，大都是灰白色或肉色，學生得憑知識與經驗，精確辨認不同的管道。

就視覺上來看，靜脈常因仍有血液滯留血管內，看起來顏色比較暗，動脈則比較偏白。在質感上，動脈則比靜脈有彈性，因為動脈接受到的血壓是比較高的，所以管壁會比較有彈性，才不會容易破裂；而靜脈是因為回流的血液，血壓比較小，相對靜脈也比較沒這麼有韌度。

自律神經與迷走神經

除了血管，我們還會觀察神經。就外觀來說，神經長得跟血管其實很像，差別是：為了要容納血液，血管是中空的，而神經則是實心的，當學生因為經驗不豐而搞不清楚時，我們會建議他們不妨用鑷子去夾夾看，輔助判斷。

在後胸壁，我們要觀察的另一個重點是交感神經鏈，它位於脊柱兩側，膨大的神經節之間有神經纖維相連，形態像一條串珠項鍊。

交感神經與副交感神經共同構成大眾所熟知的「自律神經系統」，這兩者之間的作用截然不同：如交感神經會刺激腎上腺分泌腎上腺素，讓心跳加速、呼吸急促、胃腸蠕動減緩，整個身體進入興奮狀態，以應付壓力或危急狀況；而副交感神經的作用則恰巧相反，它讓身體肌肉放鬆，分泌腦內啡，讓心跳減緩、血壓降低、消化功能活絡，幫助身體進入休息狀態。

除了交感神經鏈，在這個階段，我們也會觀察迷走神經。迷走神經是混合神經，含有運動、感覺及副交感神經纖維，上述心跳減緩、消化功能活絡的作用，便是迷走神經中的副交感神經纖維活化的結果。迷走神經是人類的第十對腦神經，之所以叫迷走神經，是因為它有點像是「迷路」的神經，它是腦神經中最長且延伸最廣的一對，走得非常遠，出延髓以後，會沿著食道兩旁，縱貫頸部和胸腔，再進入腹腔，沿路支配了呼吸系統、心臟與消化系統的絕大多數器官。

迷走神經另一個特別之處是左右不太對稱。左迷走神經進到胸腔後，在主動脈弓下方會發出一條分支繞著主動脈弓往後勾上來，逆行回到喉部，成為左喉返神經，而左迷走神經繼續進入腹腔。右迷走神經則是在經過右鎖骨下動脈時，發出右喉返神經繞過動脈到喉部，主幹才繼續下行。

這是非常特別的，通常神經就是從近端走向遠端，很少會「走回頭路」，但是這條偏要繞遠路，我們發聲、說話，大腦發出的信號，是經由迷走神經傳達到喉返神經，繞了一圈才到達喉部以控制喉部肌肉完成動作，這真的很「缺乏效率」，不是嗎？為什麼不一步到位就好？

很多學者對研究喉返神經十分熱衷，認為這是「演化」確實存在的最佳證據。從演化的觀點來看，魚類上了陸地，演化出爬蟲類，之後才又演化出哺乳類，魚類是沒有脖子的，迷走神經從腦部出發，喉返神經就直達喉部，路線清楚並不迂迴，可是喉返神經走的路徑，偏偏是在心臟後方，當生物演化到爬蟲類以後，開始有脖子，爬蟲類脖子不長，所以這條神經也只是稍微延長一點，於是「便宜行事」，小做修改，迂迴繞一點遠路，反正可以達到目的就好。對無可回頭重新設計的演化而言，只要不影響存活，些許「不完美」是可以容忍的。

隨著生物不斷演化，當動物的脖子又變長了些，心臟及動脈弓往後移一些，喉返神經也只好亦步亦趨跟著去再繞回來。這對人類來說還好，但對於一些脖子長的動物，例如長頸鹿，可就極驚人了，原來直線距離約五公分就可以到達的喉部，喉返神經可是足足多繞了四公尺以上。

之前台灣野望國際自然影展曾播出英國生物學家理查・道金斯博士（Richard Dawkins）與美國喬伊・萊登堡博士（Joy Reidenberg）解剖一隻暴斃的長頸鹿的影片：《解剖巨物：長頸鹿》（*Inside Nature's Giants - The Giraffe*），有翔實的紀錄，相當值得一看，這是一個很有趣的演化研究題材。

在人類身上，這條路徑還不算太迂迴，畢竟人類的頸子長度也就只有那麼一點，喉返神經不過多走五、六公分罷了，比起長頸鹿，「交通」可是單純多了。

學生們看完了胸腔各個主要器官與血管、神經後，「開膛」考驗算是告一段落，接下來的挑戰，就是「剖腹」了，腹腔臟器多，解剖難度可是一點也不亞於胸腔，孩子們，請繼續加油呀。

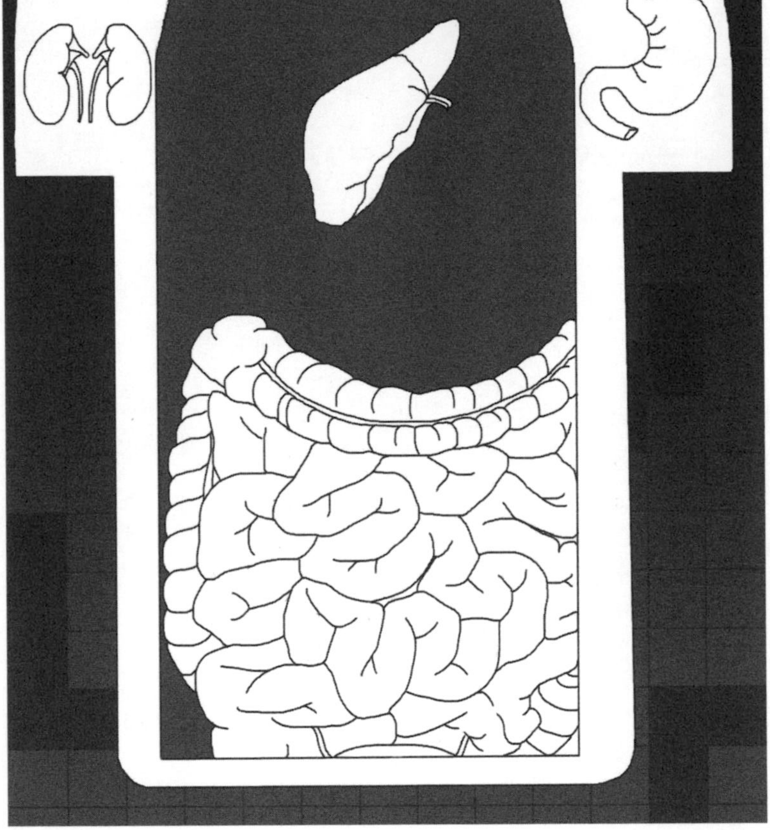
HOLD
NEXT

第四課

一肚子學問：胃腸篇

結束胸腔解剖以後，接下來就進到整個大體解剖課程中最「蕩氣回腸」的腹腔部分。從胸腔下緣延伸到骨盆腔上緣這個空間就是腹腔。腹腔內有非常多臟器，包括一部份的食道、胃、小腸、大腸、肝臟、膽、脾臟、胰臟、腎臟……等，真的是「一肚子學問」，是大體解剖課的重頭戲之一。

切割開皮膚以後，可以觀察到腹壁有很厚的皮下脂肪。前腹壁及側腹壁有許多條肌肉，包含薄而大片的腹外斜肌、腹內斜肌、腹橫肌，又長又直的腹直肌，以及比較少見的稜椎肌。

有些學生會很關心，所謂的「六塊肌」、「八塊肌」或說「巧克力腹肌」，在肚子裡到底是長什麼樣子？其實，想要練出的性感腹肌，在肚子裡並不是六塊或八塊不同的肌肉，而是位於肚臍兩側一對縱走的肌肉，稱為「腹直肌」。

我們剪開皮下脂肪底下灰白色的腱膜以後，就可以看到這兩條肌肉，由胸骨兩側肋軟骨下緣延伸到恥骨上緣。雖說這是二條長直的肌肉，可是每條肌肉中間有結締組織橫向將肌肉隔開來，形成三到四個區塊，如果肌肉夠發達而突出，且皮下脂肪夠薄的話，外觀就能呈現巧克力般的格狀立體輪廓。我想學生們解剖看過腹直肌以後，大概就能領悟為什麼漂亮的腹肌會這樣難練，因為腹直肌前有厚厚的皮下脂肪，要練到「隱隱約約」都不大容易，若要練到「凹凸有緻」，那非得同時滿足肌肉非常發達與脂肪非常薄這兩大要件不可，絕非易事。

取出臟器的浩大工程

在腹腔，脂肪真是無處不在，肌肉向兩側翻開以後，映入眼簾的是一整片圍裙一般的大網膜，大網膜一端接在胃上，裙狀構造向下蓋在腹腔臟器表面，向後向上反摺回到胃後方，返回的這一端則接在橫結腸上。在外觀上，它看起來就是一大片上面密布許多血管與脂肪的網狀構造，有些大體老師比較胖，脂肪堆積甚多，打開來看起來整片都是黃色的。

大網膜內有豐富的血管和淋巴管，疏鬆結締組織內有許多巨噬細胞，提供腹腔防衛保護等功能。在臨床上經常可以看到腹腔臟器病變處覆蓋著大網膜，發揮隔絕的作用，限制了發炎的範圍，不至於無限制擴大蔓延，所以大網膜又被稱為「腹部的警察」。

不過，大網膜其實並沒有「主動」運動到病變處的能力，它之所以可以去發炎處「辦案」，主要是因為病灶處常因發炎反應、局部腫脹等原因，導致蠕動變慢或停止蠕動，但周圍的臟器仍持續的蠕動，使得大網膜被推擠到不蠕動處；加上病灶處發炎反應會擴及到移動過來的大網膜，產生沾黏，所以才會產生病變處覆蓋著大網膜的現象。

到這裡為止，工作都還算單純，翻開網膜以後，接下來的解剖就比較辛苦了。讓學生先觀察完臟器在腹腔內的原來位置以後，接著就要求他們把大部分臟器從腹腔移出，如此才能仔細觀察這些臟器的血管供應，而且才能看到後腹壁的下腔靜脈，還有走在腹腔的主動脈的構造等。

取出臟器說起來容易，做起來可是一個浩大工程。

我們的腹腔臟器可不是一個個被獨立「收納」在肚子裡這麼簡單，這些構造有的跟其他腔室的構造相互連結，像是學生要先把由胸腔鑽進腹腔的食道在靠近胃的地方剪斷，才拿得出胃；有的構造則有堅韌的結締組織來穩固它們的位置，像是肝臟藉由很多韌帶跟橫膈膜連在一起，不把這些韌帶先破壞掉，是取不出來的。腸子的部分也頗複雜，小腸先接到大腸，最後經過直腸才會到肛門，學生們要把靠近肛門的直腸部分剪斷，小心翼翼讓腸子保持連續狀態，再從腹腔移出。

而這些要剪斷的構造，只是一部分而已，還需考慮到血管。胸主動脈進到腹腔以後稱為腹主動脈，其中有三條主要的血管負責供應我們的消化器官，即腹腔動脈幹、上腸繫膜動脈及下腸繫膜動脈，這些也要一一剪斷，讓腹主動脈留在腹腔後壁，進消化器官的血管則一起隨臟器移出。

腹腔的空間可謂是利用到極致，打開來裡面滿滿的構造，各歸各位，但彼此間也緊密相依。這也是為什麼腹腔手術之後，容易發生沾黏的原因，結締組織的再生能力是很好的，一旦有傷口，細胞就會活化再生進行修補，但如果長過頭，就會把原本不應該相連的組織連在一起，腹腔這麼一個小空間，容納了這麼多臟器，手術後組織積極修復，就很容易長到相鄰的構造或腹膜上。

正因為腹腔的空間「寸土寸金」，可以想像，要在這種幾乎無法「見縫插『刀』」的情況下操作，又不能剪錯構造，難度會有多高。加上有些大體老師生前患有腹腔臟器疾病，像是肝癌或肝硬化，肝臟就會腫大得很厲害，質地又比較硬，很難翻動，使得學生要剪下腔靜脈（它走在肝臟後方）時，操作空間變得更小，是個非常需要耐心與細心的工作。

這也是為什麼我們會每兩組安排一個老師照看著的理由，特別是在做比較重要的切割或移除工作時，都是老師在旁邊親自指導，一步一動地操作，若不如此，學生們萬一弄錯，就會影響之後的學習。

將腹腔主要臟器移出以後，他們還得回頭一一去辨識剛剛剪斷的那些血管，往血管下游追蹤它們是怎麼分布並供應各個臟器的，以後他們行醫，若遇上器官發生病變，需要進行手術時，才知道該怎麼止血、該怎麼進行手術。

扁扁皺皺的J型袋子

臟器移出之後，就要仔細觀察認識每個器官。

我們會先觀察連接在胃上方的食道。在進行胸腔的解剖時，我們已經看過食道，它一路往腹腔方向延伸，穿過橫膈膜的食道裂孔以後左曲與胃相接。

食道管壁的肌肉很有趣，雖然肉眼看不出來，但在組織學課堂中，學生會在顯微鏡下分辨出食道前三分之一是骨骼肌，也就是隨意肌，它的收縮可受意識支配，讓我們能夠吞嚥食物，或是誤吞了什麼異物時，也可以趕緊吐出來，但到了食道中段，肌肉的組成則變為平滑肌跟骨骼肌交錯，至於到了下三分之一，則全都是平滑肌，這部分就不受意識控制了。

與食道相連的胃部，位於腹腔左上方。很多胃藥廣告或優酪乳廣告都會把胃卡通化，畫成一個飽滿圓潤的模樣，但實際上它看起來比較像是個扁扁皺皺的J型袋子，並沒有這麼豐滿。很多人可能認為，胃要容納強度這麼高的胃酸，想必胃壁一定很厚實，但事實上也並非如此，胃壁很薄，甚至比大腸、小腸的腸壁都來得薄，它之所以不會被強酸溶解，理由是因為胃壁會分泌黏液，保護自己不受損害。

胃的主要功能是將食物和胃液混合攪拌成食糜，送往十二指腸。一個正常的胃可分為四個區域：賁門、胃底、胃體部以及幽門。頭端的部位是賁門，圍繞在食道通往胃的開口，賁門的作用是防止胃裡面的東西回流到食道，當賁門閉鎖功能不佳的時候，就會導致胃酸逆流進入食道，可能就會引起一些諸如胸悶、灼熱感等俗稱「火燒心」的症狀，有時候也會導致咳嗽或吞嚥困難，患者會感覺胸腔部位不舒服，但肇因其實是腹腔的毛病。

賁門開口水平位置以上的部位，則屬於胃的底部，也就是我們看到卡通化的胃部圖案裡，右上方最圓潤的那個區域。而胃的體部則是胃的主要區域，往遠端走，會繼續接到幽門部，幽門摸起來很結實，有很明顯的括約肌。

我們曾經解剖過生前因為病變，必須切除部分或全部的胃的大體老師，他們的殘胃雖然還是藉由手術跟小腸接在一起，但形狀跟正常人體的胃長相相當不同。

峰迴路轉的腸道

經過幽門以後，就來到了「峰迴路轉」的大小腸區域。

小腸藉著腸繫膜固定在腹腔，腸繫膜由二層腹膜構成，它們是將內臟固定到後腹壁的腹膜皺摺，同時也是血管、神經、淋巴通往內臟的通道。因為有腸繫膜，小腸才得以被「懸掛」在腹腔固定的位置，不會輕易位移。

小腸迂迴盤繞，是人體最長的器官，由十二指腸、空腸以及迴腸構成。第一部分是十二指腸，就外觀上來看，十二指腸是一個C型的器官，它的名字源自於「長度相當於十二個指頭寬」，但實際上可能會比「十二指頭寬」的長度來得長一些，大約是二十五至三十公分左右。

小腸的第二部分是空腸，這段腸子的蠕動快速，通常是排空狀態，是以名為空腸，空腸之後的最後一段則是迴腸。若不包括十二指腸部分，空腸約佔小腸全長五分之二，盤繞於腹腔上半；而迴腸則佔五分之三，盤繞於腹腔下半以及骨盆腔，兩者加起來約六至八公尺長。

我們的消化過程大致是這樣的：食物進到了胃部以後，胃壁肌肉蠕動使食物與胃液充分混合形成食糜，之後幽門打開，食糜及胃液進到十二指腸，刺激消化液（包括胰液、腸液與膽汁等）排出，中和胃液的酸性並分解食物，因為十二指腸很短，馬上就接到空腸，空腸裡有很多絨毛，以吸收食物的營養。食物從空腸到迴腸以後，養分持續被吸收，最後管腔裡那些無法被消化酵素充分消化的東西，像是植物纖維等，就會進入大腸。

我們的大腸外觀像繞成ㄇ字形的粗水管，位於人體右側的闌尾、盲腸、升結腸構成ㄇ字的其中一豎，跨越上腹部、位於胃下方的橫結腸則是ㄇ字上面那一橫，而ㄇ字的另一豎，則是從左側肋緣向下延伸的降結腸，降結腸末端朝身體中央位置延伸的部位，叫做乙狀結腸，之後才會接到直腸跟肛門。

大腸內住著極大量的微生物，量大到什麼程度呢？我們大腦約重一點五公斤，腸道菌加起來的重量差不多也是一點五公斤，微生物是何其渺小，要累積到這個重量，大腸裡的「菌口數」可是天文數字，大約有上百兆隻。這些腸道菌，大部分是對人體好的或至少無害的微生物，牠們可以消化植物的纖維，還可以合成短鏈脂肪酸以及一些對人體很關鍵的營養素，像是維他命K等。

我們肚子裡除了無害的細菌以外，當然也有對人體不利的壞菌，這數量龐大的微生物在我們的大腸裡安居樂業，形成某種平衡，不過一旦壞菌大量快速繁殖，比如說我們吃進不潔的食物，打破了這種平衡，雙方在我們的大腸裡激烈駁火，我們可能就會拉肚子。

大腸菌相不只攸關健康，有一些有趣的研究還提到，大腸菌相可能會影響擇偶。科學家們拿果蠅做實驗，一組餵食麥芽糖，一組餵食澱粉，經過多個世代以後，科學家把這兩群果蠅養在一起，結果吃麥芽糖的果蠅多半只找同樣也吃麥芽糖的果蠅交配，吃澱粉的果蠅也多半只找吃澱粉的果蠅交配。

科學家認為，這種選擇可能跟果蠅體內的共生菌種類有關，飲食會改變菌相，菌相會影響費洛蒙，而費洛蒙則可能攸關擇偶的偏好。他們接著對果蠅施以抗生素除去腸道菌，這種擇偶偏好果然就消失了，但若再度投予這些共生菌，擇偶偏好又會出現。看到這個研究時忍不住想，要是我們人類也跟果蠅一樣，那麼那些不可理喻的一見鍾情，或許不是因為命中注定我愛你，而是因為你的大腸裡的細菌，讓你在不知不覺中，選擇了人群中的那個他(她)，不是心有靈犀，而是「腸」有靈犀。

大腸實在是非常有意思的器官，近年來關於腸道菌的研究頗豐，許多研究都發現，腸子的功能可能遠超過傳統觀念中的消化、排泄而已，腸道裡有極其複雜的神經系統、免疫系統，以及許多內分泌細胞，它們所分泌的激素，加上微生物的作用，可以透過血液循環影響人體非常多的器官。

近年來頗熱門的「腦腸軸」概念，說明了腸道與大腦間的連結與互動。中樞神經系統、自主神經系統與腸神經系統是息息相關的，研究發現，腸道環境的狀態，腸道菌相的平衡與否也會影響大腦的狀態，部分研究甚至指出，憂鬱症、自閉症等，跟腸道菌相組成及腸道的環境是有關連的。

我們小時候常聽說，某某人得了「盲腸炎」，要去醫院割盲腸，人們口中的「盲腸炎」，其實應該是「闌尾炎」。

人體「正牌」的盲腸位於右髂部，外型有一點像是死巷。草食動物吃進大量植物，很多會先堆積在盲腸部位，利用腸道細菌發酵慢慢消化，牠們的盲腸部位比例比較大，但人類的盲腸則明顯短多了，大概只有四、五公分長，緊貼在盲腸後面的是闌尾，它是一根很狹窄的中空管子，長得有點像是蚯蚓。

因為闌尾跟盲腸很近，所以闌尾炎也經常被民眾誤稱為盲腸炎，正確來說應該是闌尾炎才對。闌尾炎肇因通常是闌尾阻塞發炎，阻塞原因可能是糞石、周邊淋巴結發炎腫大甚至寄生蟲等，一旦阻塞，管腔壓力升高可能就會造成內膜糜爛，細菌增生侵入闌尾壁，導致發燒以及劇烈腹痛。

如果實在發炎嚴重，也只好透過手術切除闌尾，早期許多人認為闌尾是一個沒有什麼用處的退化器官，割除並無大礙，但事實上，真的是如此嗎？有研究證實，闌尾的功能跟免疫有關，它有許多淋巴小結，這些淋巴細胞及其抗體，能夠判別哪些細菌可以領有「良民證」，放行讓牠們安住在大腸裡；而當腸道因感染或疾病造成菌相失衡時，闌尾也可以幫助身體快速重建正常的腸道菌相。

那，為什麼人們割了闌尾，好像也沒有大礙呢？這是因為其他腸淋巴組織接管了闌尾的工作，所以身體還是可以正常運作，所以萬不得已的情況下，兩害相權取其輕，是可以割捨闌尾的。

的確有研究指出，在腸道感染發炎並以抗生素治療後，沒有闌尾的人，相對那些有闌尾的人，疾病再復發率較高，所以還是祝福大家能夠平安康泰，盡可能別面臨要不要跟闌尾一刀兩斷的兩難。

從盲腸往上走到肝右葉下這部分的大腸為升結腸；到肝臟以後，往左轉橫跨臍區，這部分是橫結腸；到脾臟時往下轉，位於左髂區這部分的大腸叫做降結腸。升結腸跟降結腸都被固定在腹膜後方，幾乎不動，而橫結腸因為只有兩端被腹膜夾住，它的形態會有點像曬衣繩那樣，稍微呈現U字狀垂掛。

降結腸延伸至骨盆入口後，與乙狀結腸相接，之後則是直腸，穿過骨盆底與肛管相連。為了要把腸子移出，我們把腸道從直腸處剪斷，大概只保留一小段在大體老師身上，這一段就不會特別拿出來了。

重回實驗室找大體老師「複習」

除了胃腸，腹腔裡還有許多重要器官，還真的是「一肚子學問」，即使在課堂上認真學過，到臨床應用時，還是有可能遭遇困難。

去年，有四、五個已經畢業、正在當外科住院醫師的學生傳訊息給我，問我能不能課後讓他們再進實驗室，觀察腹腔某些構造的位置。

原來，因為腹腔的臟器多又緊緊比鄰，胃接十二指腸，十二指腸又包住胰臟，在胰臟附近還有上腸繫膜動脈、腹腔動脈幹這兩條大血管，「轉圜空間」十分有限，他們跟著主治醫師在開刀房學習時，有時實在搞不清楚前輩到底是從哪個角度找到相關構造，或是找到相關血管綁起來止血的。

這些學生在學期間都不是脫線散漫的孩子，考試也沒問題，但臨床治療跟上實驗課還是有一些差別。我們在上實驗課時，為了要看清楚，可以在大體老師身上開很長的口子或做大幅度翻動，而且，很多構造學生可能只看一眼，就馬上剪斷周遭連結，把器官拿出來了；然而，實際手術時，為了減輕病人負擔，都盡量要做最小的切割，而且必須在所有器官都保持在原位、又不能損害其他構造的前提下，找到病灶精準處置，要做到這種境界，對血管、淋巴結、臟器的相對位置，必須有更深入的認識才行。

雖然主治醫師在過程中會解釋，但躺在手術檯上的畢竟是活生生的病人，必須盡快完成手術，以免造成病人負擔，不可能好整以暇在被開膛剖腹的病人身上細細解說，所以學生們才會想重回實驗室，這些「眉角」，恐怕也只有跟大體老師「請教」，才能充分釋疑了。

我很高興這些菜鳥醫生們願意放下自尊，虛心回實驗室研究，這意味著他們面對病人時，態度是嚴肅慎重的，醫生的醫術越精良，病人受的罪就越少，我很樂意居中協調，幫忙他們找大體老師「複習」。只是因為白天還有醫學生要上課，我三申五令鄭重告誡他們千萬不能把構造弄亂，免得影響該班學弟妹學習，經他們切切保證我才放行。

那一次回實驗室，感覺他們比在學時還專注認真，正在討論構造的相對位置時，我在旁邊看得有點心急，忍不住想插嘴指點，他們還連忙打斷我：「老師，妳不要講！

讓我們自己找。」也對，我這活老師還是先讓開，由大體老師親身指導，印象才深刻。

旁觀他們這群住院醫生圍著大體老師研究人體奧秘，突然有點感動。大體老師用「以身相許」的遺愛，好讓這些年輕人在未來的行醫生涯中，能夠挽救更多人免於病痛，終結與延續，死亡與救贖，在此刻交會，這是何等美麗的緣分啊。

這也是大體解剖這門課的特別之處，不是我們這些活老師帶學生紙上談「病」而已，若不是大體老師慷慨「捐軀」共同指導，光只靠聽講與讀書，是絕對不可能學得透徹的。

也難怪這些學生還要回來找大體老師「複習」，這一肚子學問還真是複雜，我們花了一章的篇幅，只講完了腹腔的胃、腸，還有肝、膽、胰、腎等器官還未介紹，只能留待下一章再做分曉了。

第五課
一肚子學問：肝膽胰脾腎篇

在我們系上，學生得要花三週時間來學習跟腹腔相關的課程，除了正課以外，花在實驗室解剖的時間大概是二週。

因為腹腔臟器很多，一般人可能會認為，腹腔應該是醫學生最「苦手」的部分；但事實上，他們大多覺得腹腔解剖是「相對」比較容易的。這些肚子裡的東西，他們從小聽到大，只是無緣一見，最多大概只能從其他動物的內臟來想像，如今有機會可以實際接觸，不少學生還挺興奮的，課堂上常聽到此起彼落的奇怪驚嘆：「哇，胃怎麼這麼扁？」「腸子跟四神湯裡的小腸長得很不一樣耶！」

解剖腹腔時，學生們常拿他們以前看過或吃過的「下水」來比較，但這絕對沒有對大體老師不敬的意思，畢竟多數人的生命經驗中，可以接觸到內臟的機會，通常就只有「下水」，所以難免會拿來相提並論，但也因為如此，感覺學習腹腔知識時，多了幾分熟悉感，比較快進入狀況。

此外，正因為腹腔項目多，為了測試學生是否都有學到，考試時，老師必須挑大重點考，比較不像其他部位的考題那麼刁鑽，相對起來，學生在學習腹腔解剖時的壓力，反而會比較輕一點點。

比較痛苦的是，這二週的實驗課，大概是整個大體解剖課程中，最「有味道」的一個階段。慈濟大學採用的防腐方式，都是將防腐劑直接打到大體老師血管，比起傳統浸泡的方式，氣味已經輕微太多，但即使如此，仍然會有味道。在人體各部位解剖中，味道最濃烈的就是胸腔跟腹腔，因為這兩個地方都是密閉空間，一打開來，悶在裡面的福馬林味道迅速逸散到空氣中，對眼睛、鼻子的黏膜就會造成一些刺激。而因為腹腔裡的臟器佈滿血管，加上會吸附氣味的脂肪又超多，味道又比胸腔更嗆，解剖腹腔的那兩週，經常看學生解剖得涕泗縱橫，實在是怪可憐的。

不過若排除這一點，解剖腹腔對學生來說，其實是比較有趣的，一方面比較熟悉，二方面很多人體的疾病都是發生在腹腔，可以跟他們所學的各種知識做比對結合，就我自己的教學經驗來看，學生學到這部分，都還蠻興致盎然的。

肝臟：擁有再生能力的神奇器官

上一章我們只討論到胃腸，在腹腔，還有許多有意思的臟器等待學生探索。

首先是肝臟，這是人體內最大的器官，重量約一點五公斤左右。主要位於右上腹，與胸腔的右肺間隔著薄薄的橫膈膜相對。肝臟上緣大約在第六肋間的位置，通常比一般人想像中還高，前後有右肋骨圍成的胸廓保護，而肝臟並由右一路延伸到左肋骨下部。顯微鏡下的肝組織是由許許多多六角形的單位緊密排列而成的，這些六角形的組織稱為肝小葉，肝小葉正中為肝靜脈的分支，肝小葉周圍有小葉間動脈，將營養與氧氣送到肝細胞。

經過福馬林固定後，無論是健康或有疾病的肝臟，顏色都沒有太大差別，外觀都是暗紅色，差別只是癌症腫瘤所在的地方會比較偏白或偏黃。

不過，有肝癌的大體老師，肝臟尺寸明顯會比其他大體老師的大上許多，甚至可能比正常尺寸大一點五倍以上，大到很難移出體腔，上面還有一球一球的結節。在課堂上，無論解剖什麼區域，我們都要求學生養成習慣，盡可能做最小的破壞，沒有必要就不做過度的切割，所以遇到這種情況，學生操作起來就特別辛苦，有時連手都很難伸進去，得費加倍工夫才能移出肝臟。

至於有脂肪肝的肝臟，在解剖檯上倒不見得可以明顯分辨。由於俗稱為「肝包油」，民眾可能以為，脂肪肝就是肝臟周圍包覆一層脂肪，但其實並非如此，脂肪肝是肝臟「細胞裡」有很多脂肪，那些過多的脂肪以油滴的方式存在肝臟細胞裡，因為密度跟其他組織或體液不同，所以才能透過超音波檢查出來。

移出肝臟後，會先讓學生認識肝臟的分葉。根據不同的血管供應，肝臟有多個分葉，臨床上甚至會細分到八個肝節，但我們大體解剖課上，主要是分四個葉來觀察。

從肝臟的正面觀察，很清楚可分為左、右葉，右葉比左葉大，兩葉間以鐮狀韌帶相隔，這個構造下緣圓索狀的韌帶為肝圓韌帶，在胎兒時期是臍靜脈，帶著從媽媽來的充氧血回到胎兒體內，出生後就退化成韌帶。翻到肝臟後下方，可以觀察到呈H型的裂隙，右直豎是下腔靜脈和下方的膽囊構成，左直豎由向後延伸的鐮狀韌帶和肝靜脈韌帶構成，中間一橫則是血管進出的肝門。藉由這H型的劃分，就能很清楚看出肝臟的四葉，兩直豎左右各為左葉與右葉，H所圍的上下兩區則分別為尾葉與方葉。

人體的肝臟是一個非常神奇的器官，它是有強大再生能力的。日前報載有位父親因肝硬化合併肝癌，若要活命，除了換肝別無選擇，四個孝順的兒子知道後，搶著捐肝救父，最後經由抽籤決定讓老三捐肝，歷經十二小時手術，兒子捐出三分之二肝臟給父親，保住了父親的性命。新聞照片上術後的父子兩人拉開上衣，露出長長的手術刀疤，令人印象深刻。

之所以可以把肝臟捐給另一人，那是因為肝細胞是一種特化的上皮細胞，它是有再生能力的，所以有些肝臟疾病很嚴重的患者，可以經由活體肝臟移植手術重獲生機。手術後，經過一段時間，肝臟的體積有機會恢復到原先的90%以上，不過，所謂的肝臟再生，並不是指切除左肝或右肝以後，若干時間後會長回一副完整的肝臟，而是剩餘的部分經由細胞分裂增加細胞數目或代償而體積變大。

膽結石與內視鏡

肝臟有點像是一座人體裡的化學工廠，負責營養素的代謝與儲藏、製造膽汁、解毒、分解紅血球等。其中製造消化所需的膽汁是肝臟的重要功能之一，膽汁由肝小葉間膽管收集，再儲存在膽囊中。

膽囊是位於肝臟內臟面的梨狀組織，長約八到十公分，寬約二到四公分。很多人以為膽汁是膽囊製造的，但它其實是負責濃縮跟儲存，再釋放到十二指腸輔助消化作用進行。膽結石形成的原因很多，通常當膽汁中膽固醇過飽和時，可能就會造成膽汁過於黏稠，甚至形成結晶變成膽結石，當膽結石大到壓迫膽囊造成發炎，就會引起疼痛，若無法以藥物治療，就得倚靠外科手術切除膽囊。

我媽媽多年前也罹患過膽結石，膽石大到都把膽囊塞滿了，醫生建議要切除膽囊才能解決這個問題。媽媽知道要開刀以後，非常害怕，因為許多年前，我大舅因為肝病做過手術，手術後在肚子上留下觸目驚心的賓士標誌型傷口，她到醫院探視大舅時看過這傷口，十分驚駭。

因為膽囊的位置是被肝臟蓋住的，我媽媽很擔心她也得在肚子上被開一道長口子，才能取出膽石，手術後不知道有多痛呢。但她的擔心其實是多餘的，早期膽結石手術採開腹手術，傷口確實頗大，得在右上腹切開大概十五公分左右的切口以進行手術，但近年來膽結石手術多半都採用內視鏡微創手術，只會開三到四個小傷口，疼痛度大幅減輕，術後恢復也很快。

微創手術已經成為一種趨勢，我們學校模擬醫學中心為了讓學生熟悉這項手術，也採購了內視鏡訓練箱供他們練習，不只在學學生可以申請，校友也可以來練習。

這組設備包含鉗子、剪刀等各種精密小型工具，前端有針孔攝影鏡頭，學生必須學習雙眼注視著螢幕，操作超過三十公分長的器具，訓練難度有分級，內容五花八門，例如，操作機械鉗子夾取特定顏色的ＢＢ彈，有時ＢＢ彈下方還會鋪上一層洋菜膠，學生必須在不弄破這層脆弱的洋菜膠前提下，成功夾取ＢＢ彈才算「過關」；此外還有操作鉗子來剝葡萄皮，或是剪裁海綿，練習切割及抓取……等訓練項目，這聽起來好像有點像是遊戲，但做起來可是相當有挑戰性。所有訓練都是為了讓學生習慣看著螢幕開刀，把內視鏡器械變成自己手部的延伸。

外科是一門很講究「手技」的學問，要膽大、心細、手穩，才能在分秒必爭的情況下，冷靜且迅速做出正確判斷，並能精準處理病灶，這是一件很難的事情，必須透過反覆練習，才能使技藝臻至純熟。雖然這門課不算學分，但系方真的很希望學生能多花時間來磨練技術，成為德術兼備的良醫。

話說我媽媽那次透過內視鏡手術取出的膽石，竟然有一顆橄欖這麼大，術後我打趣說：「妳要是不肯取出來，以後妳過世火化完，應該可以撿出很大顆的舍利子吧？」

我媽媽摘除膽囊後，很快就恢復健康了。因為膽囊基本上是個儲存的「容器」，切除膽囊以後，膽汁還是會從肝臟製造，只是沒辦法儲存，因此對於高脂肪的食物，會比較難以消化，成為「無膽之人」的媽媽，必須要清淡飲食，但除此之外，日常生活並沒有太大的影響。

談到膽，倒是讓我想起一些以前做實驗時的發現。不知道為什麼，中文會以膽的大小來譬喻勇氣的多寡，不是有個成語叫做「膽小如鼠」嗎？但真的要追究起來，其實很多老鼠是連膽都沒有的，像是做實驗用的大鼠（rat），就是生來無膽的，倒是體型較小的小鼠（mouse），才是「有膽」之物，只是老鼠的膽還真是蠻小的就是了。

「內外兼具」的腰尺

除了肝、膽，在解剖後腹壁以前，要觀察的器官還有胰臟與脾臟。

胰臟跟腎臟一樣，其實都是腹膜後的器官，但是由於胃、十二指腸、胰臟和脾臟的血液供應來自同一條大血管，因此跟著腹腔的消化器官一起移出。胰臟與十二指腸距離很近，頭端靠著十二指腸，尾端則靠著脾臟，基於這種相鄰的「地緣關係」及前述血管的分布，之前在做十二指腸解剖時，就會連同這二個內臟一起觀察。

胰臟位於胃的後方，胰臟頭正好位於十二指腸C字的中空處，橫越後腹壁延伸至左側的脾臟處。胰臟的外觀呈現淡黃色，形狀有一點像是一把長鉤或長尺，台語說的「腰尺」，就是指這個器官。

胰臟的特別之處在於，它「內外兼具」——同時是內分泌器官與外分泌器官。內分泌和外分泌怎麼區別呢？簡單說，前者是透過血液與分布在全身的血管，來運送特定的荷爾蒙；而後者則是透過專屬管道來運送特定的分泌物。胰臟做為內分泌器官，它會分泌胰島素跟升糖素進入血液循環系統，用以平衡血糖；作為外分泌器官，則會透過胰管，將胰液注入十二指腸以幫助消化食物。

脾，其實不是消化器官

在胰臟尾巴處，則有脾臟。它是一個大約七乘十二公分大的器官，位於人體左上腹的第九到第十一肋骨之間，外觀有點偏暗紅色，微具三角形，其中一端是凸起的，貼在橫膈膜的下方；另一端則稍微粗糙，有血管進出。

傳統中醫認為食物由「脾胃」轉化而成，因此可能許多民眾會以為脾臟也是一種消化器官，但就脾臟在人體內的功能而言，它其實並不是消化器官，而是免疫器官，而且是我們體內最大的免疫器官，也具有過濾血液及儲血的功能。

因為脾臟血管相當豐富且外膜脆弱，所以一旦受到巨大衝擊，例如車禍，導致脾臟破裂，就會引起大量血液流入腹腔，如果情況嚴重，可能就得透過手術修補或切除。

後腹壁探索

把腹腔大部分臟器移出以後，工作只完成了一半，還有位於腸胃道後方的後腹壁需要解剖。

在後腹壁解剖時，我們會要求學生先找到橫膈膜。橫膈膜是骨骼肌，我們呼吸時可以有意識的控制它的升降，它跟肝臟之間有韌帶拉在一起。為了讓學生印象更深刻，我會問學生：「你們在小吃攤有沒有點過肝連肉？那個部位就是橫膈膜。」

多數臟器移出以後，可以看到後腹壁上留下許多主要血管，最明顯的就是腹主動脈與下腔靜脈。這兩條血管很容易找，它們就躺在大體老師的胸椎和腰椎上，管徑簡直可以媲美一般家用黃色水管這麼粗（當然，管壁明顯要比家用水管薄上太多了），非常容易辨識。跟全身其他處血管一樣，腹主動脈在質感上比較有彈性，下腔靜脈則比較塌陷一點。

心臟打出來的血液，從胸腔通過橫膈的動脈裂孔以後，就進入到腹主動脈，腹主動脈會形成許多大型分支動脈，以供應腹部器官血液，這是一條非常重要的血管，如果腹部受到嚴重撞擊，或是長了直徑太大的動脈瘤，導致大血管破裂出血，後果將會十分嚴重。而下腔靜脈，則是將橫膈膜以下所有構造血液帶回右心房的血管。

因為腹主動脈實在很粗，找到它易如反掌，真正要花心思的是：要找到它所有重要分支，像是供應胃、肝、脾等的腹腔動脈幹、腎動脈、女性的卵巢動脈與男性的睪丸動脈，以及上腸繫膜動脈與下腸繫膜動脈……等。

我們之所以在實驗室會一直不厭其煩，叮嚀學生在移出各種臟器時都要如履薄冰，就是因為如果一不注意，就會影響之後的觀察。倘若他們都能遵照指示小心翼翼做，就能順利追蹤到供應血管。

腎臟：人體的過濾器

後腹壁最重要的器官就是腎臟。它們的外型酷似蠶豆，高度位於第十二胸椎到第三腰椎之間，兩個腎的位置並不完全對稱，右腎因為上方有肝臟，所以位置會比左腎來得低。

曾在網路上讀過一個聳人聽聞的都市傳說：一個美國大學生參加了某個慶祝會，喝了許多酒，還使用了某些藥物，一陣狂歡後，他不省人事，等到他醒來，發現自己躺在一個滿是冰塊的浴缸裡，胸口用口紅寫著：「打給911，否則你會死！」他一照鏡子，發現自己背部下方有兩道傷口，原來他的腎臟被偷了！文末並警告此一新型犯罪正在發生，常挑旅行者下手，請務必提高警覺云云。

雖然這則都市傳說言之鑿鑿，但我讀完只覺得這真是太鬼扯。腎臟位於後腹壁，而且有一部分被肋骨蓋住，此外，還與腹主動脈相連，要將腎臟取出，可是不小的工程，要在一個沒有專業醫療設備的地方快狠準取出腎臟，而且那個倒楣的受害者還能活著醒來打電話、行走無礙到鏡子前驚恐看到背後的傷口，敢情這取腎者是怪醫黑傑克來著？而且，偷腎的目的若是為了移植，事前還得經過精細的配對，又不是換水龍頭，拆了就可以換。不過由於這個謠言實在講得太逼真，還真的嚇壞不少人。

言歸正傳，回到我們的解剖檯。找到腎臟後，我們一樣會仔細觀察外觀及內部構造。

腎臟被包裹在一層筋膜裡，要剪開才能觀察到裡面的器官，因為有些大體老師的腎臟會有結節、囊腫或腫瘤，比較不利於觀察，我們會要求學生挑選一個相對較完好的腎臟對切，觀察裡面的構造。

腎臟的外層稱為腎皮質，中間則是腎髓質，因為腎皮質的延伸，會將髓質區分為好幾個三角形的腎錐體，錐體尖端被小腎盞包住，各個小腎盞會匯集到大腎盞。腎盞是漏斗狀的構造，我們可以把這些小腎盞想像成一些小杯子，用來蒐集尿液，再把這些尿液「倒」到更大的杯子裡，之後才會接到腎盂，經由輸尿管送到膀胱。

腎臟是人體的過濾器，每顆腎臟都由上百萬個腎元組成，每個腎元都包含一個腎小體與延伸出來的腎小管，這些小單位都很細微，不是肉眼就看得見的。我們大體解剖課上到腎臟的同一週，也會在組織學課堂上觀察腎臟切片，讓學生了解由腎絲球與鮑氏囊構造的腎小體、腎小管等更小單元的組織。

在顯微鏡下，可以看見腎絲球的樣子，長得就像是一團毛線球，它其實就是纏繞成球狀的微血管，血液在此過濾到鮑氏囊，送到腎小管去，過濾液中有用的東西會再被吸收進血管留下，廢物則留在腎小管中，最後成為尿液排出體外。我們體檢報告裡的「腎絲球過濾率」，指的是一定時間內，腎絲球能夠過濾的血液量。腎絲球過濾率會隨著老化而自然下滑，不過若是身體健康，正常老化的腎臟仍足以應付身體所需。

但如果腎臟組織因受傷或疾病壞死太多，導致腎絲球過濾率過低，就叫做腎衰竭，當腎絲球過濾率低到某種程度，腎臟已經失去過濾功能，就必須採用腎臟替代療法，例如，血液透析、腹膜透析，或甚至換腎。血液透析就是民間俗稱的「洗腎」，將血液抽出體外，經由血液透析機（也就是人工腎臟）將廢物過濾，再把淨化過的血液輸回體內。而腹膜透析俗稱「洗肚子」，把透析液注入腹腔，經由有豐富微血管分佈的腹膜代謝廢物後，再引流出來。

洗腎是相當花時間的，一般來說，每週須做三次治療，每一次時間就長達四小時，必須全程躺在床上進行；而腹膜透析每次需要三十分鐘，但是一天要換個四、五次，好處是在這區間，病人可以自由活動做自己的事。但無論如何，都是相當麻煩的事，因此，很多腎臟病人都想要換腎，希望能一勞永逸。

其實，人體就算只剩一顆腎臟，也是足以正常運作無礙的，到必須做腎臟替代療法的地步，通常是兩顆腎臟都已經不堪使用了。我們目前為止，還沒有解剖過換過腎或只有單顆腎的大體老師，不過，曾看過有些大體老師兩顆腎臟的大小差很多，其中一顆功能可能已經受損，但由於另一顆仍能正常工作，除非有經過檢查，否則大體老師本人很有可能到臨終前，都沒有意識到自己某側腎臟出了問題。

除了腎臟，我們也要觀察腎上腺。腎上腺是位於腎臟上緣的黃色組織，它是人體的內分泌腺體，因為顏色偏黃，有些學生會誤以為是脂肪，但只要細心觀察，就可以發現這「坨」像脂肪的構造其實較硬，而且有豐富的血液供應，主要的三對血管中，還有一對是來自腹主動脈，雖然這三對血管只有原子筆芯這麼細，但仍能辨識。

「管很寬」的腰神經叢

在這個階段，還有一個挑戰，那就是要找出腰神經叢。我們會要求學生上溯這些神經的來源，並追蹤它們要去的所在。

人體的腰椎有五節，我們要找由第一節腰椎到第四節腰椎兩側鑽出並匯集的神經，這就是腰神經叢。腰椎下方叫做薦椎，從薦椎鑽出的神經名為薦神經，再加上第四、第五腰椎神經，則會匯集成薦神經叢，這當中最粗的一條神經，就是大家耳熟能詳的「坐骨神經」，不過，這要到解剖下肢時才看得到。

腰神經叢有一部分神經會分布在下腹壁，沿著人體腰椎兩側分布到前腹壁的肌肉，鑽進腹壁的肌肉之間，最後會進到皮下，負責「管轄」它們沿路走過部位的肌肉收縮及皮膚感覺。而另一部分，則會延伸到下肢。

腰神經叢形成的神經不只有感覺神經，也有感覺運動神經。比如說，腰神經叢的分支之一股神經，它不但負責大腿前側和小腿內側皮膚的感覺，也可以控制大腿前側的股四頭肌，肌肉收縮就可以做出膝蓋打直的動作。而閉孔神經則是走在大腿內側，除了負責大腿內側皮膚感覺以外，還可以控制閉孔外肌和大腿內側的內收肌群，我們從稍息變成立正這個動作的肌肉運動，就是閉孔神經負責的。

在後腹壁這部分還有一個困難的地方，那就是找出神經節。神經節是神經細胞叢集的節狀構造，直徑大約零點五到一公分左右，形狀呈橢圓形，之所以難以辨識，是因為此處同時佈滿大小相仿的淋巴結，而神經節跟淋巴結長得很像，只是淋巴結比較軟，因此需要花些時間仔細判斷。

淋巴排毒？排到哪兒去？

淋巴系統在腹腔裡也相當發達，尤其在腰椎兩側，更是星羅密布，這也是腹腔解剖要觀察的重點之一。

有時候收到坊間美容SPA的傳單，上面標榜特殊按摩手技或「理療」可以「幫助淋巴排毒」，我都有點丈二金剛摸不著頭腦，就人體運作的事實而言，淋巴液就是組織液，最後就是流入靜脈系統，所謂的「毒」，到底是怎麼透過按摩來被淋巴「排出」呢……？

在人體裡，淋巴系統的功能之一是回收過多的組織液。比如說，當人們燙到或受傷時，白血球會釋放一些發炎因子，以吸引更多白血球靠過來清除或修補，但如此很容易會造成局部組織液堆積，所以我們受傷的部位經常會腫起來。

這些過多的組織液，有一部分就靠淋巴循環處理，淋巴管很薄，組織液很容易滲透進入管腔，再回流到靜脈系統。若組織間囤積了太多液體，多到淋巴系統無法處理，就可能造成問題，腹水就是體液積聚超過正常量，而血液和淋巴循環又無力處理所致。除了回收組織液，淋巴系統還扮演很重要的免疫功能，人體白血球的成熟，有一部分也是在淋巴結中完成的，而淋巴結裡有T淋巴球和產生抗體的B淋巴球，可以幫助身體抵禦外敵。

在腹腔中，乳糜池是一個比較大的淋巴匯集處，「乳糜」這個名字聽起來感覺像是某種消化系統，但它完全不是，這個囊狀組織會蒐集來自各淋巴幹的組織液，由於來自小腸的淋巴液富含三酸甘油脂和乳糜微粒而呈乳白色，匯集後的淋巴液接著注入胸管，最後送到靜脈系統（通常是注入左鎖骨下靜脈）。

經過了這兩週被福馬林燻到眼淚鼻涕齊流、「可歌可泣」的實驗課，解剖出所有臟器、也追到相關的血管、神經，以及淋巴管和淋巴結以後，腹腔的課程算是告一段落，接下來，就要進入生命的基地——骨盆腔。

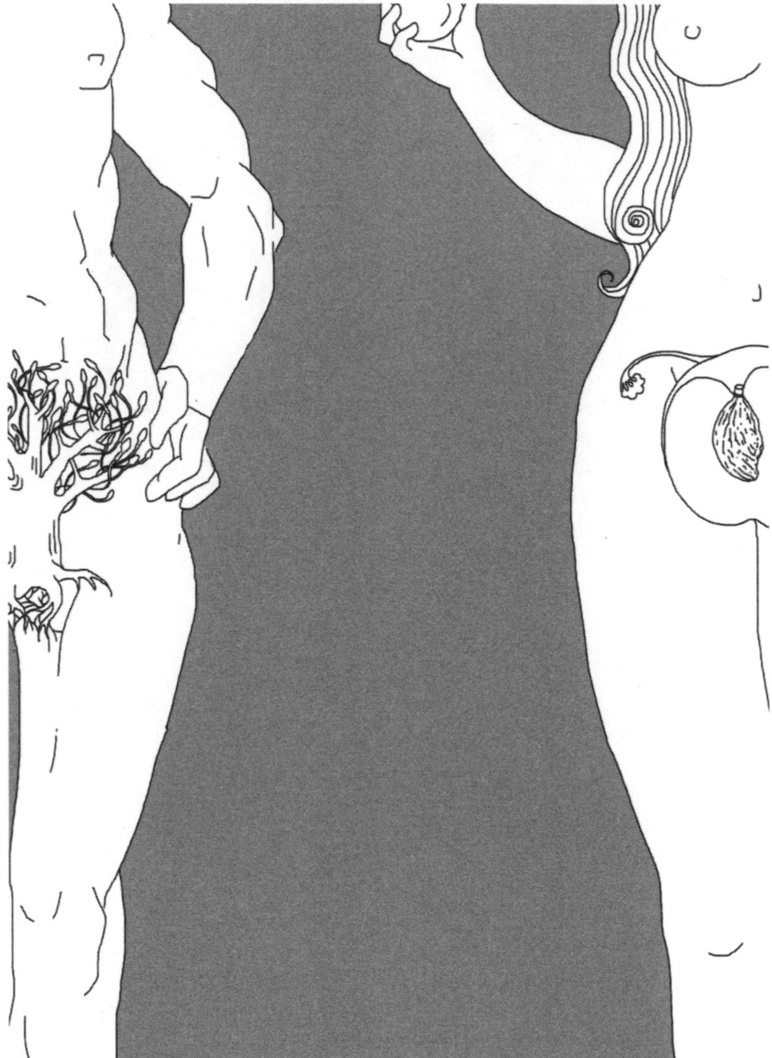

第六課
男女大不同：生殖系統解剖

醫學系大三的課很重，學生辛苦，老師的負擔也重。我在懷我女兒的時候，還是照常教大體解剖，一個星期有好幾天，得在實驗室站四到八個小時。不知道是不是在母腹中或襁褓中習慣了，我女兒長大以後，竟然覺得一般人避之唯恐不及的福馬林味道「很香」，想來是在我身上聞多了，覺得這味道挺有親切感。

記得我女兒出生那一天，我生下她以後，人還在產檯上，醫生突然問我：「咦，何老師，妳不是有教胚胎學嗎？那妳要不要把你的胎盤帶回去給你學生觀察？」

我一聽，大喜過望說：「真的可以嗎？」

「可以啊，不然我們也只是當醫療廢棄物處理。」

「那太好了，我要帶走！」教學這麼多年，講到胎盤什麼的，都只能紙上談兵，若能讓學生親眼看到「實物」，對他們的學習想必會有不少助益。

「那你叫你先生來拿。」

明明才剛分娩完，但想到有這麼理想的「教具」可用，我整個教學魂熊熊燃燒，也不顧生產疲憊，立刻請來陪產的先生（他也是學校老師）先回實驗室拿福馬林，把胎盤保存起來再說。

實驗室的大體老師們可以「教」學生領會許多人體奧秘，但唯有「胎盤」這部分沒辦法，所以我若有辦法「自行提供」，真的再好不過。

從那一天開始，我的胎盤就在實驗室裡貢獻了好多年，我還跟學生開玩笑，「你們看，我們這些活老師連教具都要自己生。」

其實，不只對學生，對我自己來說，也是一個很好的觀察機會，在那之前，我也沒有仔細看過人類的胎盤。

傳統中藥中有一味藥叫做「紫河車」，指的就是人類的胎盤。因為有很多血液滯留在血管裡，就顏色上，確實是帶紫色沒錯。形狀呈圓盤狀，直徑大概有十五公分長，厚度有二、三公分厚，重量達五、六百克。學生看到胎盤的第一眼，反應都是：「哇，怎麼這麼大？」他們想像的胎盤大概只有個小醬油碟這樣大，誰知還是個貨真價實的「盤」。

與胎盤相接的臍帶，約指頭粗細，之中有三條血管，分別是二條臍動脈跟一條臍靜脈，被保護在一層極有彈性的結締組織中，有彈性到即使經過福馬林固定，摸起來還是很Q彈，有學生還形容說摸起來很像蒟蒻。

我的胎盤大概在實驗室裡貢獻了六、七年，直到「不堪使用」為止。為了讓之後的學生仍有胎盤可以觀察，在得知一位大學同學即將分娩，便連忙聯絡問她：「嗯，那個……妳生完小孩，胎盤可不可以送給我？」

一般姊妹淘之間，應該不會出現這種奇怪的對話吧？但我同學知道我在醫學系教解剖及胚胎學，很乾脆就答應了，生完小孩以後請她同事幫忙，把胎盤放入福馬林固定，之後放在我寄過去的密封保鮮盒，常溫宅配給我。

我那個同學自己也是醫生，不過，她對於處理自己的「組織」似乎還是有點心理障礙，她告訴我她匆匆處理完就趕緊寄給我，一點也不想仔細觀察，完全不像我這麼「樂在其中」。嗯，或許我天生就要吃解剖這行飯吧？我不但不排斥，甚至還蠻喜歡胎盤臍帶摸起來那「啾啾啾」充滿彈性的「質感」，我們教解剖學的老師們，真的都很希望盡可能展示所有人體奧秘給學生看，能夠獲得「繼任」的胎盤，實在是太好了。

「宜男之相」有影沒？

不過，除了胎盤這個「教具」得由「活老師」自己生以外，絕大部分解剖所需，大體老師都可以包辦。

結束腹腔的課程以後，進度來到骨盆腔，這是兩個髖骨跟薦椎圍起來的空間，往上通往腹腔，往下則是會陰，周圍都是骨頭，形狀像是一個臉盆，所以叫做骨盆腔。

因為女性負有懷孕以及分娩大任，男女兩性的骨盆形狀差別頗多。

骨盆朝前方的兩塊骨頭叫做恥骨，這兩塊骨頭的連接處叫做恥骨聯合，它與左右兩側的恥骨下枝會形成一個倒V型的恥骨角，男性的恥骨角通常是小於九十度的銳角，而女性的恥骨角通常是大於九十度的鈍角。女性的骨盆入口呈較大的卵圓形，而男性則呈較小的心型。整體而言，女性骨盆明顯較男性寬，以利分娩時胎兒通過。

古代挑媳婦講究「宜男之相」，認為屁股大的女人比較「會生」。從解剖學的觀點來看，這種說法倒也不是完全沒有根據，雖然屁股大未必能提高懷孕或得男機率，但寬骨盆對於降低難產風險，倒是有一定幫助。

女性分娩時胎兒要經過產道，產道在生產時會擴張，但大小仍受到骨盆下方空間的限制，如果骨盆很狹窄，胎兒就會很難通過，相反的，就比較不會有難產的問題。精確一點來說，與其說大屁股是「宜男之相」，倒不如說是「順產之相」。

外顯的男性生殖器官

男性骨盆裡的器官相對女性要來得單純許多，主要就是泌尿系統的膀胱、輸尿管及生殖系統的輸精管、攝護腺、貯精囊。

膀胱位於恥骨之後，功能是儲存尿液，具有能收縮的肌肉組織及隨著尿液多少而改變形狀的上皮，輸尿管斜穿過膀胱壁，可防止尿液倒流回腎臟。膀胱下方則是攝護腺，又稱為前列腺，它直徑約三公分，大概像一顆栗子這麼大，包圍在尿道周圍。

攝護腺是一個特別的器官，人體器官通常會隨著老化而漸漸萎縮，但攝護腺的細胞在年老男性身上卻反而常會增生，攝護腺肥大的男性，經常會有頻尿、小便無力、有尿意卻無法暢所欲「尿」的困擾，台語有一句比較俚俗的諺語：「少年噴過山，老年滴腳盤」，形容得實在很傳神，而之所以會從「噴過山」變成「滴腳盤」，就是因為攝護腺的位置剛好就包在尿道周圍，一旦增生的組織擠壓到尿道，就會造成上述困擾。

我們會讓學生從肛門把手指伸進直腸來觸摸攝護腺，以練習指診，有經驗的醫生能夠靠指診，判斷攝護腺是否有腫大。不過，因為大體老師都經過福馬林固定，組織會比較硬，對學生來說，判讀難度提高不少。

至於貯精囊，它們是位於膀胱後壁上的囊狀器官。看字面上，可能會以為貯精囊是用來貯存精子的，但其實貯存精子的地方是副睪，不是貯精囊，早期可能是在顯微鏡下看到貯精囊裡有精子，誤以為它是貯存精子的器官，才會這麼命名。事實上，貯精囊是分泌腺，負責製造精子所需的營養物質並形成精液的一部分，並不用來貯精，這名稱完全是個誤會。

有別於女性重要生殖器官都深藏在骨盆中，男性主要的生殖器官包括陰莖、陰囊等都裸露於外。在解剖時，我們會割開陰囊處的皮膚，以觀察裡面的睪丸、副睪以及精索下段。

之後，我們還會剖開睪丸觀察。睪丸是製造精子跟男性荷爾蒙的器官，形狀是橢圓球狀。可能是因為某種莫名的「投射」，課堂上有些男學生對於要劃刀解剖睪丸，竟然產生心理障礙，感覺好像很痛似的，所以這部分經常由女學生操刀，這種微妙心理，還真不是我們女生可以理解的。

精子的長征之路

剖開睪丸來看，可以看到內部有密密麻麻的曲細精管，精子在這裡製造完成以後，會順著管腔被送到位於睪丸背側的副睪，這個器官才是貨真價實貯存精子的地方。它是一條捲曲的長索狀器官，若把它拉直，長度有好幾公尺長。副睪分為頭、體、尾三個部分，精子在副睪歷經約十二天後逐漸成熟，以獲得游向卵子的行動力，算是精子們的集訓中心，之後精子要不在此老死，要不就會被送到輸精管。

輸精管被層層包覆保護在精索的結締組織之內，精索大概有手指頭這麼粗，從外而內分別是精索外筋膜、提睪肌筋膜、內精索筋膜，精索內還含有血管、淋巴管及神經，我們會要學生去捏看看，用手感受裡面有一條特別堅韌的構造，那就是輸精管。我們上組織學時，在顯微鏡下看輸精管橫切面玻片，可以看到輸精管管壁有三層平滑肌，是肌肉質非常發達的構造，所以才會摸起來這麼明顯與血管不同。

所以臨床上男性做結紮，只是個單純的門診手術，有經驗的醫生只要在陰囊皮膚切個開口，找到精索以後，摸到最硬的那根挑出來便是輸精管，剪斷打結或是電燒就大功告成，傷口不大，也不需要住院。相對於女性結紮，要開進肚子裡做輸卵管手術，可是簡單太多了。

曾有男學生問：「結紮之後，會影響性功能嗎？」我實在是又好氣又好笑，一般人這樣問也就罷了，醫學生還這樣問，那不等於是白學了嗎？男性結紮只是把精子出來的那條路封了，睪丸所製造的雄性激素是內分泌，那是經由血液來傳輸的，根本完全不會被結紮所影響啊；而且，結紮之後也還是可以射精，貯精囊、攝護腺分泌的液體仍會形成精液，只是裡面沒有精子，所以不會讓女性懷孕。

由副睪所儲存的精子，老化以後會直接在副睪代謝掉，事實上，就算不結紮，如果沒有性交的話，那些精子也是只有老死一途，而就算有機會在天時地利人和的情況下出來，這批大軍也是「一將功成萬骨枯」，只有拔得頭籌進入卵子的那隻精子有機會使卵受精，其他則全軍覆沒。

對精子來說，要能接觸到卵子，完成傳宗接代大任，那可是一條艱辛的長征之路。精索會在腹股溝處鑽進腹壁，精子從輸精管一路走，走到膀胱後面，再走到攝護腺裡面的尿道（所以攝護腺肥大，是會影響性功能的），最終會經過陰莖尿道，由陰莖排出。若從副睪就開始計算，以精子的大小，要經過這一段路，再進入女性生殖道到輸卵管，換算起來，差不多是半馬的距離，所以，每隻能夠成功達陣的精子，可都是箇中健將兼超級幸運兒。

深藏不露的女性生殖器官

女性的生殖器官如卵巢、輸卵管、子宮、陰道等，都藏在骨盆腔中。

學生解剖到這部分，大多都很驚訝：「嗄？卵巢怎麼這麼小？」「子宮怎麼這麼小？這樣怎麼塞得進一個寶寶？」在他們想像中，這些器官的大小應該要更大的，沒想到實際解剖竟然是如此袖珍。

卵巢是卵子發育成熟的地方，位於骨盆入口下方的骨盆腔側壁。從骨盆腔側壁延伸至子宮的片狀腹膜，稱為闊韌帶，卵巢就懸掛在這片闊韌帶的後方，長約三公分，寬約二公分，差不多像一顆杏仁大小。

而子宮則位於骨盆腔中心，外型像是一顆倒置的西洋梨，兩側有輸卵管。子宮本體長約七到十公分，寬約五公分，比女性的拳頭還小。它是一個肌肉層很發達的中空器官，分為三層，最靠近腔室的是由上皮組織跟結締組織構成的子宮內膜，中間是由厚實平滑肌構成的子宮肌膜，最外層則是子宮外膜。子宮在懷孕時期的改變是非常巨大的，藉著平滑肌細胞數目增加及體積變大，可以撐得很大（想想，光是胎盤的直徑可就有十五公分呀），生完孩子以後，又會收縮回小小的樣子。

常見的婦科病子宮肌瘤，就是子宮裡的平滑肌增生，通常會有很清楚的邊界，裡面的組織也是肌肉組織，大部分為良性，不會造成什麼大礙。比較麻煩的毛病是子宮內膜異位，簡單說就是原本應該在子宮內膜的組織，跑到其他部位去了，隨著每月的月經來潮，這些異位的內膜組織也會跟著起變化，若異位的內膜組織和經血堆積在卵巢，就會形成巧克力囊腫。除了附著在卵巢，內膜組織也有可能會跑到腹膜、輸卵管、腸壁、膀胱壁、大小腸或肺臟，甚至還有跑到鼻腔的個案，造成月經來時就會流鼻血，是個相當令人困擾的疾病。

子宮內膜是個「設計」非常獨特的構造。通常人體流血時，會有血小板幫助凝血以避免大出血，可是經血並沒有這個機制，但是女人月經來時，也並不會因此嚴重大失血。

子宮內膜的血液供應是很特殊的，在經期來之前，供應子宮內膜的螺旋動脈都運作如一般血管，可是若排出的卵沒有受精，體內雌激素因此下降，就會刺激這些螺旋動脈管壁的平滑肌收縮，造成血管閉合，在血管下游的子宮內膜因為無法繼續接受到血液，內膜就會因缺氧而細胞壞死，雖然經血沒有凝血機制，但因為血管已經閉合了，所以也不會造成嚴重出血。

不過子宮內膜也不會全部剝落殆盡，它大概會從五、六公釐，降到一公釐，這些留下來的內膜，有另一條血管供應，並不會缺氧壞死剝落，等到卵巢有新的一批卵在濾泡成熟，子宮內膜又會重建新的組織及新生的血管，如此循環。

除了卵巢與子宮，還要觀察輸卵管。輸卵管從子宮上端向骨盆側壁發出，走在闊韌帶上緣，長度約十公分。最外側的部分是喇叭狀的「漏斗部」，覆蓋在卵巢之上，有指狀凸起，就像是個捕手手套般，當有卵子從卵巢排出，就會自然被抓進這個「手套」中。接下來的部分是「壺腹」，這是輸卵管最寬的地方，正常來說，也是受精發生的位置。

「壺腹」之後會再經過輸卵管最狹窄的部分「峽部」，最後才會接到子宮上面。輸卵管上皮中有一種纖毛細胞，纖毛擺動的方向會把卵子往子宮的方向運送，如果卵子受精，通常著床位置會在子宮後上方。

著床位置在子宮後上方的好處是，這邊子宮內膜是週期定期剝落，因為螺旋動脈會閉鎖，所以當小孩分娩出來後，正常情況不會有太大量的出血，但如果胚胎著床位置太低，導致胎盤很靠近子宮頸，臨床上稱胎盤前置，由於子宮頸的內膜在月經週期是不剝落的，血管也不閉鎖，就有可能會在分娩時導致大出血。

如果著床位置是在輸卵管，那也很不妙，子宮的平滑肌可以隨著胎兒發育而增生及變大，但輸卵管是沒辦法的，加上上皮組織也與子宮內膜組織不同，容易有大出血的情形發生，這些著床位置不對的情況，就是所謂的子宮外孕。

男性尿道是女性四倍長

骨盆腔裡的器官除了生殖器官以外，還有泌尿器官。最明顯的當然就是膀胱，膀胱是骨盆腔最前面的器官，男女性的膀胱並沒有明顯差異，按理說，儲存量應該差不多，不過，女性似乎比男性容易內急，這是為什麼呢？

原因之一是女性膀胱受到後方子宮壓迫，空間較小，而且女性的尿道括約肌也沒有男性發達，因此容易產生尿意。

雖然膀胱容量男女差不多，不過尿道長度卻有明顯差別，男性尿道長度可是女性的四、五倍長。男性尿道全長約十六到二十公分，從膀胱基部穿過攝護腺，通過整個陰莖，中間還轉了二次彎，這條道路具有雙重功能，既是排精的管道，也是排尿的管道；而女性的尿道僅有四公分，曲度很小，從膀胱往下穿過骨盆底板以後，就直達會陰部。正因為女性尿道長度很短，所以女性也比男性容易感染尿道炎或膀胱炎。

老師，我一定把胎盤留給妳

在骨盆腔這部分最重要的神經支配重點，就是薦神經叢。

人體的脊椎包括七節頸椎、十二節胸椎、五節腰椎、五節融合在一起的薦椎以及四節融合在一起的尾椎，每節脊椎兩側皆有由脊髓發出的脊神經鑽出，其中，由薦椎發出的四對薦神經，以及第四、第五腰神經分支所聯合構成的神經叢，就叫做薦神經叢。薦神經叢的分支，除了包含支配骨盆腔與會陰部位的感覺、運動神經以外，也包含了許多支配下肢的分支，例如，坐骨神經、腓總神經等，這部分的內容，我們到下一章會再進一步說明。

至於骨盆腔的血管供應，腹主動脈到骨盆腔上方時，會呈現倒Y字形分成兩岔，叫做總髂動脈。總髂動脈再分為內外二分支。內髂動脈各分支會供應骨盆腔大部分臟器，外髂動脈則會進入下肢變成股動脈，若是男性，內髂動脈還會分支到攝護腺跟膀胱。人體絕大多數的總髂動脈分支，都有相伴的同名靜脈，例如，此處還會觀察內髂靜脈、外髂靜脈等。

值得一提的是，內髂動脈的各分支中，包括二條在成人呈閉鎖狀態的臍動脈，當胎兒還在母腹中時，二條臍動脈與進入胎兒肝臟的臍靜脈會形成一束像繩子一樣的構造，外層有膠狀物質保護，這個構造就是臍帶，用以連接胎盤，獲取營養與氧氣。

說到臍帶連接的胎盤，很多學生們都知道當初我曾經自己「生」這個「教具」給大家觀察，也知道在我自己的胎盤功成身退以後，還特地去跟我剛生完小孩的老同學「索取」，有個女學生看我這麼求「盤」若渴，很熱心地承諾：「老師，你放心！以後我若要生小孩，我一定會把胎盤留給妳。」學生開支票熱情贊助，還真是讓為師感動，若將來能夠這麼代代接力下去，胎盤這個構造，會成為解剖實驗室的某種「薪傳」象徵也說不定。

男女大不同的骨盆腔解剖，實在是非常有趣的部分，這也是創造新生命的基地，構造精巧而奇妙，令人驚嘆。也不只是骨盆腔，人體的奧秘實在迷人，儘管已經教了這麼多年，還是覺得每年都有許多新鮮的領受，多麼希望這些孩子們也能有同樣的感動，如此，大體老師在天之靈，也會感到非常欣慰吧。

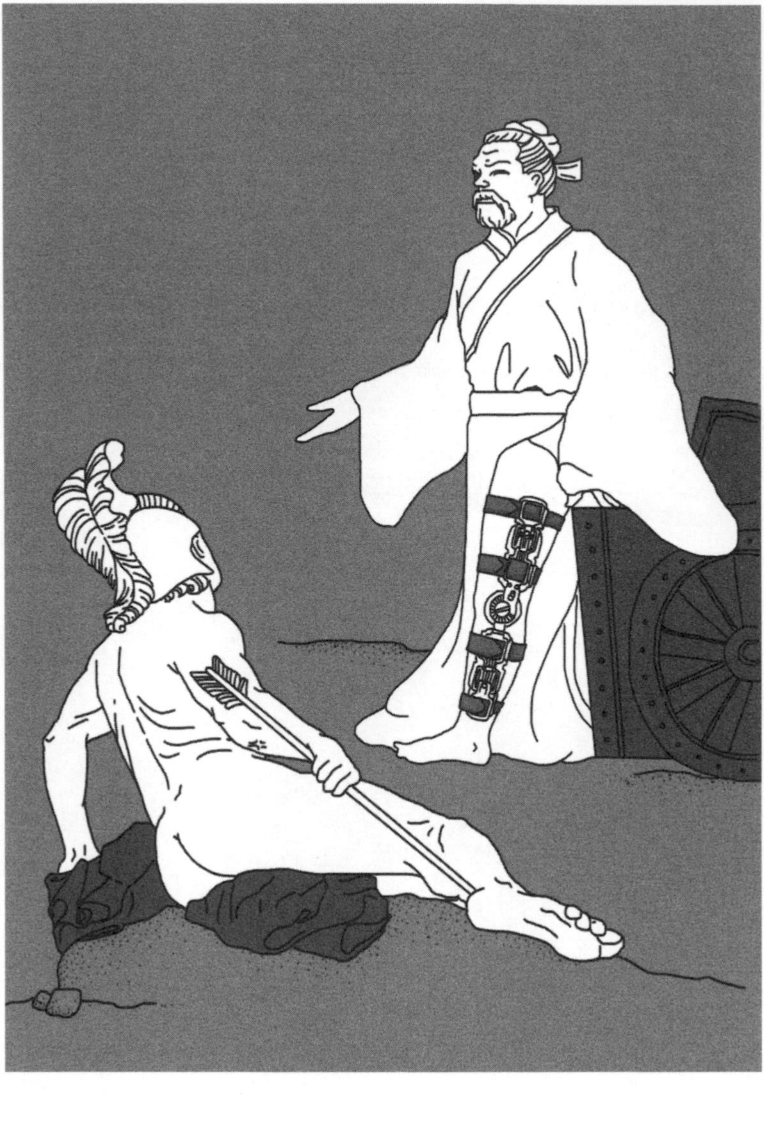

第七課

孫臏的膝蓋與阿基里斯的腳跟：腿足部解剖

因為教解剖，認識了不少在生活中不常使用，甚至還不知道怎麼發音的中文字。雖說我們在課堂上大多都以英文專有名詞講解，但有時候要對非醫學系的人解說，還是得用中文，為了避免讀錯字貽笑大方，我還真的去翻字典把這些字的正確讀音都找了出來。

這類生活罕用字在下肢部分還不少，大多數可以有邊讀邊，比如說，「膕」這個字就是念「國」，意思是膝窩；「髖」讀「寬」，指的是骨盆骨。有邊讀邊這個原則就算不完全對，通常也是雖不中亦不遠矣，比如說，「孖」讀「資」，孖這個字是雙胞胎的意思，上孖肌跟下孖肌是臀部的兩塊形狀、功能相似的肌肉；「髕」讀

「髕」，指的是膝蓋；「脛」讀「竟」，指的是小腿；「腓」讀「肥」，指的是腿肚子；「跗」讀「夫」，指的是腳背。

但是有些字，還真的不查就可能讀錯。像是「髂」，他的發音跟「客」差異甚遠，讀「喀（ㄎㄚˋ）」，是腹部兩側的腸骨；「蹠」也不念「庶」，要念「直」，指的是腳掌。

一般老百姓生活中，應該很少會用到這些字，大家只會說：「我膝蓋怪怪的。」或「我昨天去跑半馬，現在『鐵腿』！」而不會說：「我的髕骨好像有點問題。」或「我的腓腸肌十分酸痛。」

不過，我們在醫學殿堂中，還是要務求精確，各部位的名稱，還是得一一弄清楚。

上肢 VS. 下肢，大同小異

下肢在骨骼構成跟區域劃分方面，跟上肢是很像的。比如說，上臂的肱骨對應大腿的股骨、前臂的尺骨對應小腿的脛骨、手掌的掌骨對應腳掌的蹠骨、手腕的腕骨對應腳踝的跗骨……，有人說，既然如此，那就下肢名稱學一學，不用特別講了吧？

其實不然，下肢跟上肢雖然有很多相對應處，但還是有一些差異。就拿關節來說吧，上肢連接到軀幹的關節是肩關節，下肢連接到骨盆的則是髖關節，這兩個關節就差異不小。我們觀察構成肩關節的骨頭，它由肩胛骨、鎖骨、肱骨這三塊骨頭形成，中間有許多間隙，依靠周圍許多韌帶來強化結構，正因為它比較「鬆散」，所以我們上肢的靈活度是遠高於下肢的，比如說，我們可以把手臂往前或往後畫一大圈，但下肢就不可能做到這個動作，人腿要能畫一整圈兒，大概只在恐怖電影裡才會出現吧？

而髖關節的長相就很不一樣了。它由股骨頭和髖臼構成，股骨頭的構造像是一顆球，而髖臼則像它的名稱一樣，是一個臼一般的凹窩，有別於肩胛骨跟肱骨之間的淺凹窩，髖臼是比較深的，可以讓股骨頭深深地嵌在裡面，這個設計雖然犧牲了一些靈活度，但好處是比較穩定，能承受軀幹的重量。肩關節雖然靈活，但若不當使用或使用過度，也比較容易脫臼，但一般情況下，髖關節脫臼的機率遠遠低於肩關節。

髖關節這裡比較常聽到的問題是骨折。老年人經常有骨質脆弱的問題，特別是停經後的婦女，因為可以抑制骨質流失的雌激素減少，更容易骨質疏鬆，若是不慎跌倒，經常是大轉子（即大腿連接骨盆處摸到的股骨突起）著地，跌倒的衝擊力經常會讓股骨頸斷裂，造成骨折。

雖說難免有一些差異，但大致上來說，上下肢的對應性是頗密切的。讀到這邊，或許你會以為學生學到這部分，應該是柳暗花明，漸入佳境，可以鬆口氣了吧？但其實，哪有可能這麼便宜他們？

雖然到這個階段，學期已經過了一半，他們對解剖已經比較熟練了，而且下肢肌肉很大塊，神經、血管也都比較粗，不像其他部位那樣容易弄斷，相對應該比較輕鬆，但是正因為如此，我們的要求也會提高，既然肌肉比較大塊，起終點就要追得非常清楚，之前的區域可能比較小，構造又十分細微，在技術上難度實在太高，因此，有些細節僅要求學生能清楚說明，不一定全都要一一解剖出來，但在下肢，我們就會要求他們必須全部都解剖出來。

不是屁股肉多就能亂插針

下肢的解剖，一開始會先從臀部開始。跟整個下肢比，臀部解剖的難點在於神經血管比較複雜一點，腿部的肌肉主要是縱向的，但臀部則很多橫向或斜走的肌肉，不只連結了中軸的薦椎和下肢的髖骨及股骨，也控制髖關節的活動。例如，臀中肌、臀小肌這些斜向的肌肉附著在股骨外側，當肌肉收縮，就可以做出立正變稍習的動作，這個動作我們稱做大腿「外展」。

在下肢的神經支配部分，有二個重要的神經叢，分別是腰神經叢跟薦神經叢。腰神經叢是第一到第四節腰椎神經會合形成的神經叢，薦神經叢是從第四、五節腰神經，以及第一到第四節薦椎神經所形成的神經叢，薦神經叢中最粗的一條就是坐骨神經。

比起人體其他神經，坐骨神經真的是很粗勇，就像拇指一樣粗，仔細追蹤，可以看到它是由第四、第五節腰神經，以及第一到第三節薦神經所組成，從臀部梨狀肌下方鑽出來後，會跨過三塊肌肉，分別是長相、功能都很相似的上孖肌跟下孖肌，以及中間夾著的一塊閉孔內肌，之後會進入大腿正中線，支配後大腿的肌肉，以及所有小腿、腳掌、腳背的肌肉。

因為屁股肉多，所以許多肌肉注射都會打在這裡，但可不是看到肉多就可以隨便亂打，若打的位置不對，打得太內側或太偏臀部下方，就很有可能會打到坐骨神經，比較安全的位置，是打在臀部外上側。

坐骨神經痛

上到坐骨神經這部分，學生的興致都還蠻高的，他們早在進醫學系前，就常耳聞親友街坊的誰誰誰有「坐骨神經痛」，久仰這條神經大名，如今終得親見。

坐骨神經痛的患者多半都感覺腰部或臀部這附近的區域不舒服，有時候連同小腿外側、腳背也會酸麻漲痛。從解剖學來看，就可以知道為什麼會牽連這麼遠，坐骨神經從臀部出來到膝窩上方時，會分支為兩條主要神經，一條往外側發展，叫做總腓神經，掌管前小腿、外側小腿及腳背；一條則直直地走在小腿中間，叫做脛神經，掌管後小腿及整個腳掌。而且，坐骨神經不只包含運動神經，也有感覺神經，所以，有時候影響到的不只是肌肉運動，還有皮膚感覺，範圍則可能涵蓋後大腿、整個小腿及腳背、腳掌等，比如說腳掌、小腿等地方刺癢酸麻之類的，坐骨神經痛嚴重的情況，還可能會有下肢無力等症狀。

造成坐骨神經問題的原因很多，有些是因為外力或感染，有些則是因為梨狀肌太僵硬，所以擠壓到緊鄰它的坐骨神經，若只是輕微的梨狀肌壓迫問題，通常只要透過藥物或復健來放鬆梨狀肌，就能緩解症狀，但如果是嚴重的坐骨神經痛，可能就要手術。

比如說，有些情況是坐骨神經由骨盆鑽出臀部的地方先天有變異，正常來說，應該要從梨狀肌下緣穿出來，但有少數人的坐骨神經會直接穿過梨狀肌，從肌肉中間鑽出來，才往大腿方向走，這種狀況就很難靠藥物或運動來改善疼痛問題，必須靠手術才能治療，或是椎間盤突出壓迫到神經，也經常需要手術治療。

坐骨神經支配的範圍很廣，但並不包括大腿前側與內側。我們通常會把大腿分為三區：前側、內側與後側，前側主要功能是收縮肌肉讓膝蓋伸直，支配這裡的主要神經是股神經；而內側大腿的內收肌，主要功能是內收大腿，也就是稍息變立正這種動作，這裡的主要支配神經是閉孔神經，這條神經會經過髖骨前方的兩個大洞，大洞上有稱為閉孔膜的結締組織封住，穿過此處的神經因而被命名為閉孔神經，像這兩部分，就不是坐骨神經的「轄區」。

下肢靜脈瓣膜的重要性

在下肢的血液供應部分，之前我們在腹腔部分有談過腹主動脈，這條動脈分出左右總髂動脈後，在骨盆附近又分為外髂動脈跟內髂動脈，其中，外髂動脈過了鼠蹊部，經過腹股溝韌帶（也就是大家耳熟能詳的「人魚線」位置）以後，名稱就換了，變成股動脈（同一條，不同名），下肢主要血液都由此供應。

接下來，這條血管在膝蓋上方大腿內側繞到膝蓋後面，到這之後再度更名為膕動脈（膕就是膝窩的意思），膕動脈在小腿上方會先分支出一條脛前動脈到前側小腿，一條脛後動脈走在後側小腿，並在外側分支出腓動脈，脛後動脈最後會繞進腳掌，供應腳掌所有肌肉，這些來自股動脈的血管構成下肢的主要血液供應。

人體大部分的靜脈都是跟動脈同名伴行，只是血流方向相反，所以我們在課堂上也比較不會特別講靜脈，有些圖譜甚至為求簡化，只畫動脈而已。不過，下肢部分的靜脈，倒是蠻有意思的，值得多提幾句。

和人體其他部位一樣，下肢一些大的靜脈內是有「瓣膜」的，瓣膜開啟是有方向性的，從下肢遠端往心臟的方向才會打開，讓靜脈血只能回到心臟。當血液因為重力往下時，會被瓣膜頂住，此外，腿部肌肉的收縮，也能有效擠壓靜脈血，幫助這些血液回到心臟。

大家一定知道「靜脈曲張」這個毛病吧？患者腿部清楚可見青紫色的血管，嚴重一點的，還會像蚯蚓一般浮凸上來，看起來「腿」爆青筋。這種毛病常發生在經常久站、久坐的人身上，血液因為重力的緣故，一直沉積在下面，長時間讓遠端靜脈承受許多壓力，最後撐不住了，瓣膜功能變差，影響血液回流，那些淺層的靜脈就容易擴張扭曲。靜脈曲張不僅有礙觀瞻，嚴重的話，還會疼痛或甚至引起潰瘍或蜂窩性組織炎。

在這裡，我們先解釋一下深層靜脈和淺層靜脈的不同。走在肌肉之間的是深層靜脈，而走在皮下的則是淺層靜脈，通常發生靜脈曲張的，多半是淺層靜脈，因為深層靜脈周圍有肌肉，只要肌肉收縮，就可以像泵浦一樣幫助血液往上擠，血液回流比較有效率，通常不會一直沉積造成瓣膜壓力。

雖然淺層靜脈不像深層靜脈附近有肌肉擠壓，不過，只要多動，對減少淺層靜脈瓣膜的壓力也是大有幫助的，我每一學年上學期都很多實驗課，一週有四天要進實驗室，經常一站就是半天到一整天，我盡可能讓自己在實驗室裡到處走動，一方面可以指導學生，二方面也是強迫自己的肌肉幫忙擠壓血液，避免靜脈曲張。

還不是很嚴重的靜脈曲張，醫生常會建議患者穿高丹數的彈性襪，目的就是藉由襪子的彈性壓力，像肌肉一樣幫助擠壓血液回去，但穿彈性襪只對那些症狀較輕微的情況有幫助，如果症狀很嚴重，可能就要考慮藉由手術移除扭曲的靜脈。

下肢淺層靜脈會匯集為二條主要的靜脈，分別是：大隱靜脈與小隱靜脈。大隱靜脈從腳背、腳趾回收血液往心臟方向走，走在小腿內側，經過膝蓋、大腿內側，在腹股溝韌帶下方進到深層的股靜脈，再匯入外髂靜脈、下腔靜脈，回到心臟去；小隱靜脈則走在小腿後側，在膝蓋後方鑽入膕靜脈，再匯入股靜脈、進入外髂靜脈，回到心臟。

因為深層靜脈跟淺層靜脈中間有多處互相連通，讓淺層靜脈血可以經由這些管道進入深層靜脈，因此，把嚴重靜脈曲張的那段血管移除，並不會影響血液循環，我們的靜脈血管在皮下脂肪是有複雜的網路，它可以藉由其他暢通的管道回到深層靜脈。

臨床上若心臟血管阻塞太嚴重，無法用支架撐開時，外科醫生會進行冠狀動脈繞道手術，此時會找一段血管來跨接過阻塞部位，大隱靜脈是常見選擇之一。一來它走在皮下，比較容易取得，而且長度又很長；二來，和其他靜脈相比，它的管壁明顯比較厚，它是淺層靜脈，比較不能像深層靜脈那樣靠肌肉來幫忙擠壓血液，所以只好自己長厚點，若拿去跨接，能夠承受心臟打出來的血壓，只是格外要注意的是，因為在取血管時，有可能會取到有瓣膜的部分，所以在接的時候，方向要反著接才行，靜脈的近端接動脈的遠端，血流才不會被瓣膜阻擋。

孫臏的膝關節

人體大腿與小腿部位的骨骼由股骨（大腿骨）、脛骨（小腿內側的主要承重長骨）與腓骨（小腿外側形狀細瘦的長骨）以及髕骨（膝蓋骨）構成。

人體的膝關節由髕骨跟股骨、脛骨形成，關節周圍及內部有許多韌帶幫助穩定結構，像是髕韌帶、側韌帶以及前十字韌帶、後十字韌帶等；膝關節股骨和脛骨間並夾著兩個C字型的軟骨，稱為半月板，功能類似避震器，可以吸收膝關節承受的壓力，在站立時也可穩定膝關節。但若運動過於激烈，導致脛骨移動幅度太大，就很有可能讓前十字韌帶應聲而斷，或造成半月板撕裂。

和其他部位關節相比，膝關節比較特別的是，它的正前面有一塊髕骨保護，髕骨是一塊倒三角形的骨頭，它就像一個蓋子一樣，蓋在前面保護關節。

說到髕骨，我們來講個歷史故事好了。戰國時代有個齊國的兵法家叫做孫臏，「以君之下駟與彼上駟，取君上駟與彼中駟，取君中駟與彼下駟」這個整體優勢策略，就是孫臏所提出的。

孫臏這個人，他與魏國人龐涓曾一起在鬼谷子門下學習兵法，因為孫臏的才能比龐涓高，招致猜忌，後來龐涓當上魏國的大將軍，便設下毒計陷害老同學，捏造罪名將孫臏處以黥刑和臏刑，黥刑就是在臉上刺字，而臏刑則是挖去髕骨，因為曾受過臏刑這個酷刑，所以後來才被稱為孫臏（註）。

受過臏刑的孫臏，雙腿就算是殘了。我們可以從解剖學上來解釋：人體前大腿主要的肌肉稱為股四頭肌，股四頭肌的止點接到髕骨上緣，而髕骨下緣，則有一條髕韌帶用以連接髕骨與脛骨，當股四頭肌收縮，就會把髕骨往上拉，而髕韌帶也會把脛骨往上拉，所以我們的膝蓋才能從彎曲變伸直，挖掉髕骨，孫臏就不能打直膝蓋，也就無法站立或行走了。

不過，後來有人考證，有一說是孫臏受的其實是刖刑（砍斷雙足），而不是臏刑，但不管是哪一種，都是讓他終身不良於行的殘忍刑罰，總之，他這個恐怖同窗也真是夠狠的。

挖掉一塊肉的蘿蔔腿美容法

若我們把大腿分區，前側最重要的肌肉就是股四頭肌，它是人體最大、最有力的肌肉，可以幫助我們伸直膝蓋、屈曲髖關節。

此外，大腿前內側還有一塊帶狀長形肌肉也很重要，它叫做縫匠肌，從骨盆前的骼前上棘（骨盆前左右兩個突出點）斜向大腿內側延伸，止於脛骨上端，我們將膝蓋舉起與盤腿的動作（例如，踢毽子這個動作），都需要這塊肌肉。

大腿後面也有三條重要肌肉，從最外側到最內側分別是：股二頭肌、半腱肌、半膜肌，這三條肌肉可以幫助我們彎曲膝蓋，我們不管是走路、跳躍或爬行，都必須用到它們。而大腿內側，則有六條肌肉構成內收肌群，可以幫助我們把髖關節內收，比如說，游蛙式時把大腿夾回來的動作，就需要這些肌肉的幫忙。

小腿也可分為三區，前小腿肌肉主要負責踝關節背屈（腳背朝前小腿的動作）及腳趾伸直等動作，外側小腿主要功能是外翻腳掌，後小腿則讓我們能做出踮腳尖或彎屈腳趾等動作。

至於後小腿的主要肌肉，則是淺層的腓腸肌與比目魚肌，以及深層的膕肌、屈趾肌等。

腓腸肌的位置就在小腿肚，在它底下還有比目魚肌，因為形狀扁平似比目魚而得名。這兩塊肌肉在腳踝的地方共同形成強韌的阿基里斯肌腱，接到位於腳後跟的跟骨上，他們的功能主要有二，一個是幫助彎曲膝關節（腓腸肌），另外則是把跟骨往上抬，讓人體可以做出踮腳的動作。

基本上，腓腸肌的肌肉質都集中在小腿上半部，下半部是肌腱。許多女性很介意的「蘿蔔腿」，就是因為腓腸肌過分發達，以至於在小腿肚上明顯鼓出一塊，顯得小腿比較壯碩。其實，對我這樣一個學生物科學的人來說，健康的身體都是很美的，骨骼、肌肉、血管、神經無一不精緻，纖細優美的小腿固然動人，但剛健壯實的小腿也非常美好啊！不過，對愛美的年輕女孩來說，恐怕很難體會剛健壯實的腿部有何美麗之處，甚至許多女孩會為此而自卑，對墳起的「蘿蔔」都想除之而後快。

要縮減小腿圍，臨床上有幾個作法：一種是抽脂，可惜小腿皮下脂肪其實不厚，能瘦的腿圍有限；另一種就是用肉毒桿菌或雷射，阻斷支配腓腸肌的神經，讓腓腸肌萎縮。還有一種方式，就是透過微創手術，把器械伸進去，切除腓腸肌。雖然這塊肌肉被切掉了，但因為它底下還有比目魚肌與阿基里斯腱相連接到跟骨，所以依舊可以做到踮腳、走路等動作。

不過，一般步行雖不受影響，但要像切除前那樣飛快衝刺，恐怕就比較困難。

根據肌纖維的不同，人體肌肉可分為紅肌（慢縮肌）與白肌（快縮肌）。紅肌的肌紅蛋白含量較高，所以顏色看起來比較紅，它需要較多氧氣，產生能量的速度會比較慢，但優點是紅肌的續航力較高，比較不容易疲勞；而白肌可以靠無氧呼吸代謝能力收縮，可以在短時間內提供爆發力。

人體的肌肉大多都有這兩種肌纖維混合，腓腸肌的特色是白肌比例較多，紅肌比例較少；而比目魚肌相反，是紅肌比例較多，白肌較少。如果切除腓腸肌，光靠比目魚肌來應付一般步行，的確是綽綽有餘，但若希望在體育競賽中大放異彩（特別是需要跑步衝刺或是從事其他需要爆發力的運動），沒有腓腸肌的奧援，表現勢必會打折。

阿基里斯的弱點

腓腸肌與比目魚肌共同形成的肌腱阿基里斯腱，即是俗稱的「腳筋」，黑道用以報復或恫嚇仇家的殘暴手段「剁腳筋」，砍的就是阿基里斯腱，早期手術沒有這麼先進，加上可能延誤開刀時機，被剁腳筋的對象注定是一生跛行了，所以老一輩人才會說腳筋一旦斷了就終身殘廢，現在若阿基里斯腱斷裂，只要不是拖太久或是情況太複雜，是可以靠手術接回去的。

阿基里斯腱之所以有這麼獨特的名字，典故源自於希臘神話，希臘英雄阿基里斯是女神忒提斯的孩子，當他出生時，忒提斯抓住孩子的腳跟，把他倒懸浸入冥河裡，讓他可以刀槍不入，但因為腳後跟被抓住沒泡到冥河水，所以這部分就變成阿基里斯的罩門，後來阿基里斯也因為腳跟被箭射中而喪命，而Achilles' heel這個詞，後來也被引喻為弱點、要害的意思。

不過，就解剖學上來說，阿基里斯腱可是一點都不脆弱，它是人體最大的肌腱，長十五公分，寬度有四、五公分，厚度有半公分，我們解剖時要切斷它，也並不容易，其實並不「弱」；但如果過度使用（例如從事高衝擊的劇烈運動），或是受到嚴重外力衝擊，還是有可能會斷裂的，美國職籃NBA的傳奇人物「小飛俠」柯比．布萊恩（Kobe Bryant）就曾在激烈賽事中嚴重撕裂阿基里斯腱。

人類走路、跑步或跳躍的起始動作都是先踮腳尖，靠腳踩在地上的反作用力，把身體往前帶，這些動作必須使用到阿基里斯腱，這根肌腱受傷的影響非常大。若是斷裂，經過手術治療後，還得復健好幾個月才能恢復，之後雖然可以繼續從事激烈運動，但是否能在運動場上完全恢復昔日敏捷身手，恐怕得看運動員的努力與造化了。

高跟鞋：美麗的刑具

對運動量普通的一般人來說，要弄到阿基里斯腱斷裂的機率實在不大，一般人下肢最常發生的運動傷害是「翻船」，也就是踝關節扭傷。

人體的踝關節由脛骨、腓骨以及距骨這三根骨頭形成，脛骨與腓骨剛剛提過，那是小腿的兩根骨頭，它們的末端會形成一個ㄇ字型的凹陷，而距骨上緣剛好有一點凸起來，可以容納進這個空間，距骨下面則是跟骨。跟其他關節一樣，在踝關節的內外側也都有韌帶來穩固、強化這關節，不過，踝關節內側的韌帶比外側多，內側有四條，而外側只有三條，且較分散，所以外側關節相對而言比較容易因為走路「拐到」而受傷。

腳部的主要骨頭，則包括跗骨、蹠骨以及趾骨。跗骨包括剛剛談到的距骨，以及跟骨、舟狀骨、骰骨以及楔型骨，跗骨在腳部的位置，就相當於手部的腕骨；而蹠骨與趾骨在腳部的位置，則相當於手掌的掌骨跟指骨。這些骨頭排列的形狀，會在腳部自然形成一個足弓，所謂的扁平足成因很多，有些是因為骨頭形狀有問題，有些則是腳部韌帶強度不夠強，或是肌力不足，導致內側足弓不明顯。

我們站立或走路時，有很多重量會落在第一蹠骨跟大拇趾近端趾骨之間的區域，大拇趾基部有兩個種子骨，這在手部沒有對應的骨頭，它們的功能包括承重及減少摩擦力等。女性穿高跟鞋，特別是尖頭的高跟鞋，容易造成大姆趾基部關節不完全脫臼，大拇趾會偏向外側(朝第二趾)，第一蹠骨則偏向內側，關節會變形，形成一個明顯突出的角度，由於一、二趾間距變大，造成種子骨往第二趾的方向推擠，硬把它夾在一、二趾軟組織中間，若是長期如此壓迫，嚴重者會造成走路刺痛，甚至拇趾跟第二趾交疊。

記得我跟先生剛回國任教時，婆婆還覺得我們兩個到學校上課，穿得未免也太「休閒」了，為人師表好像應該要穿得更正式一點才是，但對我來說，高跟鞋實在是一種美麗的刑具呀，尤其實驗課要站這麼久，若是穿高跟鞋，我看我的腳恐怕要不了多久就報銷了吧？加上我「腳拙」，實在不太會穿高跟鞋，穿上去都不太會走路了，多年來，我仍習慣穿舒適健康的平底鞋到處趴趴走，反正老師的工作無須拋頭露面，還是饒了我可憐的雙腳吧。

解剖完腳部，下肢的部分就算告一段落。

有別於大根骨頭、大塊肌肉的下肢，下一章，我們將談到細緻纖薄的臉部，不但要心靈，而且還要手巧，才能夠完美達成任務。

註：另有一說是孫臏師父鬼谷子預測孫臏將有臏刑之劫，所以將他改名。

第八課

你的容顏：顏面解剖

雖然顏面解剖安排在最後這幾個章節，但事實上，顏面解剖從學期中就開始了，因為頭頸部解剖的內容實在太多，為了避免學生無法一口氣消化這麼多內容，而且也希望能夠有效分配人力，我們從學期中就陸續安排顏面解剖的進度，把時程拉長，讓學生能夠充分學習。

既然內容這麼多，或許有人會問：那為什麼不乾脆第一堂課就從「頭」開始？

我們不這麼做的主要理由如下：一方面，頭部解剖是相當進階的技術，學生們都是解剖新手，都還沒有學會走路呢，怎麼能學跑跳？另一方面，「臉」是一個很獨特的部分，一開始就要從沒見過遺體的學生馬上跟大體老師「面對面」，對學生心理的衝擊可能太大了，所以我們還是寧可從別的部分先著手，不會直接從「頭」開始。

大體老師啟用時，整個身體都會覆蓋著一層乳白色的膠膜，這一層膠膜是噴上去的，緊密貼合身體，我們要解剖時，也不會一口氣通通剪開，而是跟著進度逐步剪開要解剖的區域，到學生開始要解剖顏面時，他們都至少已經開始解剖約一個月了，無論是技巧跟心理狀態上，都已經做好相當的準備了。

但即便如此，要跟大體老師直接「面對面」，學生們還是會有點緊張，不過，通常剪開膠膜以後，他們反而都會安下心來。常聽學生說：「咦，我們老師在笑耶。」這是真的，教解剖這十幾年來，看到很多大體老師的表情都很安詳，感覺就像是熟睡了一樣，有很多看起來真的就像學生講的，好似在微笑一般。雖然我們理性上都知道大體老師已經過世，但看到老師微笑的面容，很多學生還是會有「大體老師在鼓勵我」、「我是在幫大體老師完成心願」的感覺。

我們醫學系有一點跟其他醫學系很不一樣，我們的學生跟大體老師的「連結」很強，大體解剖課之前，孩子們就已經做過家訪，在他們求學過程中，大概很少有機會這麼深入地瞭解自己的「老師」。

之前有國外的醫學院知道我們這樣做，有一點質疑，怕這樣會讓學生有太多情感牽扯，但後來深入瞭解以後，反而頗肯定我們的作法。我們的孩子非但沒有因為對大體老師有更深認識，造成學習上的困擾，很多孩子反而因為這份認同與情感，讓他們覺得應該要盡力把這門課學好，否則好像會對不起大體老師，我經常覺得，儘管大體老師已經過世，但學生與大體老師之間，是真的存在某種「師生情誼」的，所以解剖到顏面時，學生們說「大體老師好像在笑耶」，我一點也不覺得這種說法傻氣，反而覺得他們實在很可愛。

每個人臉皮都很薄

在解剖顏面時，我總是會提醒學生們，「沒有人是厚臉皮的，每個人的臉皮都很薄，下刀請謹慎。」

跟其他身體部位比，臉部的皮下脂肪很少，割開來很快就會看到肌肉。顏面肌肉跟其他部分不同的地方在於：其他區域（像是上肢或下肢）的肌肉兩端通常都會接在骨頭上，透過收縮，由起點帶動終點的骨頭。但是顏面肌肉常是一端接在骨頭，另一端則接在皮膚，這也是為什麼我們會有表情的緣故。

人體的顏面表情肌非常多，這些肌肉都是可受顏面神經控制的隨意肌。許多顏面肌肉從名稱就可以知道它們大概的位置與功能，像是額頭部分的額肌；嘴巴附近的笑肌、提上唇肌、降下唇肌、提口角肌、降口角肌、口輪匝肌等；眼周的眼輪匝肌；顴骨附近的顴小肌、顴大肌等。其中，眼睛周圍跟嘴巴周圍的輪匝肌是十分獨特的環形肌肉，功能分別是閉眼、噘嘴，也因為口輪匝肌負責了噘嘴的動作，所以又被暱稱為親吻肌。

在解剖臉部時，學生們多半都會很挫敗，因為臉部肌肉實在太纖細了，多半都只有兩三張銅板紙這麼厚而已，他們經常會以為自己又不小心弄斷了什麼組織，但因為這些肌肉有一端就是連在皮膚上，很多時候其實也非弄斷不可，倒不見得是他們手拙。

在這部分，還有一個困難點，那就是臉部的肌肉跟結締組織比較難區分，因為臉部肌肉的顏色比較淡，而肌肉又纖細，乍看實在差不多，他們經常會搞不清楚界線在哪裡。

我們是沿著額頭正中、鼻子、嘴巴的正中線切割，再把皮膚往耳朵方向翻開，先做一邊，若是有什麼失誤，在做另一邊時就可以避免。

或許是因為人對於「門面」都很看重吧？我發現學生們在解剖臉部時，多半都相當求好心切，他們常會覺得這畢竟是大體老師的臉，絕對不能解剖得太醜。非醫學系的人可能會覺得，要解剖臉部，應該會有心理障礙吧？但其實，因為解剖這部分的難度真的很高，學生們大多都殫精竭慮想辦法要搞定手邊的工作，他們的「害怕」，絕對不是跟大體老師「面面相覷」，而是「怕失手」或「怕被當」。

複雜的顏面神經

要揭開薄薄的臉皮已經很困難，學生們還必須分出複雜的顏面神經。

顏面神經是人體的第七對腦神經，它會從腮腺深處鑽出來，在頭頸部形成五個分支。為了方便找顏面神經，我們會先找到位於耳朵前方的腮腺，腮腺又稱為耳下腺，它是唾液腺中最大的一對，經由腮腺管把唾液送進口腔。

用腮腺當作基準，就可以大概知道顏面神經分支的位置。大家不妨試著一起來找找看：首先，把腕骨緊貼在耳朵旁邊，手指水平朝鼻子方向張開覆蓋在臉上，五根手指的位置，差不多就是顏面神經的五個分支，從拇指到小指的位置分別是：顳支、顴支、頰支、緣下頷支以及頸支，從這些分支的名字就可以得知它們支配的部位。

雖說「只有」五個分支，但其實這些分支又會再分更細的分支，就像是一張網一般分布在人臉上。如果是從神經主幹來找分支，當然會比較容易，但我們解剖顏面時，因為翻皮方向剛好是反過來的，都是先看到分支，才往回追到主幹，加上顏面這個地方實在很纖薄，很容易就把神經劃斷，找起來更辛苦，這也是為什麼我們要求學生先做一邊臉的緣故，畢竟人是對稱的，萬一不幸把其中一邊做壞了，還有另一邊可以修正。

去年，我爸爸臉頰右邊腮腺突然腫起來，摸起來有個邊緣清楚的硬塊，雖然醫生判斷是良性的，但因腫大的腺體已經影響說話、咀嚼，後來便安排了手術，記得那一次手術動了好久，我一整個下午打了好幾通電話給媽媽，都還一直在手術中，前後開了快五個小時，我媽媽非常擔心，心想不過就是個切除腮腺的手術，怎麼會開這麼久呢？我跟她解釋，那是因為臉部的顏面神經很複雜，若不小心處理，日後可是會影響表情的，手術後，我去探望我爸，看他臉側有十公分左右的傷口，醫生很細心，縫得十分緻密，但一般人若光看這一道傷口，還真難想像這是近五個小時的大工程啊。

有經驗的醫生切除腮腺，花五個小時，可以想像我們那些菜鳥學生們會掙扎多久，而且，他們不只要尋找神經，還得找到顏面動脈與顏面靜脈，在其他部位，血管跟神經還算好分，血管是中空的、神經是實心的，用鑷子夾夾看，通常都可以分辨，但在臉部，區域很小，血管、神經又都很細，加上大體老師經過福馬林固定，比較沒有彈性，看起來都很像，辨識起來格外困難。

我們一次的實驗課是四小時，他們可能上了三次課，花十二個小時，卻還是沒辦法搞定，大概要追到神經主幹時，才會豁然開朗。

眼：美麗的靈魂之窗

在實驗室，我們會先把腦部取出來以後，才開始觀察五官，不過，為了讓讀者比較容易理解，我們在顏面這章就先來談談五官好了。

首先，我們來談談靈魂之窗——眼睛。人體眼球周圍有六塊小肌肉，只要敲開額骨以後就可以看到這些小肌肉，額骨在額頭的部位很堅硬，但延伸進來在眼球上方的部分是很薄的，並不難破壞，但是這部分的肌肉、神經、血管都超細，亟需耐心與細心。

為了觀察內部構造，我們也會剪斷這些小肌肉跟視神經，把其中一顆眼球取出切開觀察。眼球的直徑大約二到三公分，把眼球從中間切開，可以看到水晶體、虹膜、玻璃狀體、視網膜等構造。

我們的眼睛很像一部極為精密的相機，水晶體就相當於這部相機的鏡片，是一個直徑約一公分的扁橢圓球構造，顏色有點像是半透明的蛋白石（蛋白石有很多種顏色，這裡指的是半透明那種），非常晶瑩美麗，每年解剖到水晶體，總是能贏得許多讚歎的驚呼聲。

水晶體前方有顏色的環狀結構則是虹膜，我們眼睛的顏色，就是由虹膜決定的，它的形狀有點像是鳳梨罐頭的橫切鳳梨片，這個「鳳梨片」中間就是瞳孔，而「鳳梨片」中則有平滑肌可以控制瞳孔大小。

眼白的部分叫做鞏膜，它是白色的結締組織，我們把眼球切開後，眼球內部是果凍一般、半固態的玻璃狀體，眼球最外層是白色的鞏膜，裡面一層是稍微深色的脈絡膜，最裡面一層是淡黃色的視網膜。

這一片薄薄的視網膜，可是可以分為十層，上面有色素細胞、感光細胞（錐狀細胞、桿狀細胞）及多種神經細胞等，當然，在大體解剖課上憑肉眼是不可能看得到這些構造的，得到組織學課上，透過顯微鏡才能看到這細緻的分層。

鼻：強大的空氣清淨機

要看到鼻腔跟口腔，必須對頭部做比較多的破壞，我們會從大體老師頭部接近正中，用線鋸鋸開鼻樑及鼻腔上方頭骨，為了要把鼻中膈留在某一側方便觀察，鋸的位置會偏離中線一點，接著鋸開硬顎，方便之後觀察口腔，不過過程中下頜骨會保持完整，並不是將頭由正中線對半剖開，只是從鼻子中間處分開到足以觀察的程度而已。

人體的鼻子是很好的空氣清淨機。鼻腔由鼻中膈區分為左右兩邊，鼻腔外側壁各有三個凸起來的骨骼構造，稱之為「鼻甲」，這上、中、下三個鼻甲將鼻腔分為上鼻道、中鼻道、下鼻道以及頂端的蝶篩隱窩四個通道，可以增加空氣的接觸面積。這些鼻甲及鼻道上都覆蓋著鼻黏膜，鼻黏膜上皮表面有纖毛，纖毛是朝我們咽喉方向擺動的，有些細胞有分泌功能，可以分泌黏液，幫助黏附空氣中的粉塵、顆粒等，並藉由纖毛擺動，最後在咽喉用吞嚥或咳嗽的方式把這些異物排除，避免吸入肺臟裡。

鼻子不只是空氣清淨機，也是很好的加濕、加溫器。鼻黏膜下方有很多血管，可以把吸入的空氣逐漸加溫，並藉由分泌物提高空氣濕潤度，所以在很寒冷乾燥的地方，人們會覺得鼻腔、咽喉很涼，但是不會覺得空氣吸到肺臟時還是冰冷的。

除了清淨、保濕空氣以外，在鼻腔頂部的地方，差不多就是我們鼻腔「屋頂」的部位，有嗅覺黏膜，上面有嗅覺細胞，讓我們可以辨識氣味。

鼻腔裡還有一個鼻淚管的開口，跟眼睛內側的淚囊相通，解剖到這部分，我們會讓學生用探針去試探，從大體老師眼睛內側伸一根很細的探針進去，沿著鼻淚管，最後會發現探針從下鼻道的地方穿出。所以我們眼睛淚腺的分泌物，也能夠沿著鼻淚管流進鼻腔，有時候我們哭得很厲害的時候，會感覺好像眼淚鼻涕齊流，但很多液體其實不是鼻涕，而是經由鼻淚管流出的眼淚。

人體的鼻腔跟周圍頭骨之間，有很多孔洞，通往大家常聽說的「鼻竇」（所謂的「竇」，就是指一個空間）。鼻竇存在幾個不同的骨骼內，包括：在額骨內的是額竇，在鼻腔後上方蝶骨內的是蝶竇，在篩骨位置有篩竇，此外，在上頜骨這裡還會有上頜竇，這些「竇」都是左右成雙的。

這些空間都跟鼻腔相通，且表面覆有可以分泌黏液過濾空氣的鼻黏膜，所以有時我們感冒，病毒除了感染鼻腔以外，也會沿著這些相通的通道去感染到這些鼻竇。

口：遍嘗百味的吞吐港

在口腔部分，因為大體老師經過福馬林固定，舌頭部分都很僵硬，因此我們會要求學生們在下刀前，先張口彼此觀察，很多構造會比直接觀察大體老師清楚。

舌頭是味覺器官，有很多味蕾分布。舌頭表面有許許多多凸起的乳頭，按其外型可分類為四種：絲狀乳頭、蕈狀乳頭、葉狀乳頭以及城廓狀乳頭。這四種中，只有絲狀乳頭上沒有味蕾，而舌頭上分布最多的是絲狀跟蕈狀乳頭，讀者可以對著鏡子自己觀察，在舌頭上那些比較白、小錐狀凸起就是絲狀乳頭，而比較紅的圓點則是蕈狀乳頭，比絲狀乳頭大一點，在舌尖分布較密。而葉狀乳頭分布在比較靠近咽部的舌頭兩側，至於城廓狀乳頭，則位於舌尖往後三分之二（或舌根往前三分之一）處，中間有蘑菇狀凸起，外圍像護城河一樣繞一圈，這是體積最大的一種舌乳頭，但數量其實不多，大概只有八到十二個而已。

味蕾是由多個細胞構成的橢球形構造，其中特化的上皮細胞有神經細胞的特性，可以感受味道。這些細胞有再生的能力，約十天到兩週就會更新，不過，會隨著年紀變老而減少，所以上了年紀的人，味覺會比較遲鈍。

舌頭舉起來，可以清楚看到下方有舌繫帶，這是一條連接舌頭與口腔底部的帶狀結構，用來控制舌頭的靈活度。早期，若小孩子到了一、兩歲還口齒不清，老人家就會說那是因為「舌頭太緊」，要帶去「剪舌頭」，但真正要剪的部位可不是舌頭本身，而是舌繫帶。

舌頭是個肌肉質為主的器官，舌頭內肌肉的走向有縱有橫，還有斜走的，所以切開來時，不像其他部位的肌肉容易看出一束一束的肌束，看起來或摸起來的質感比較像是內臟，但其實舌頭的肌肉並不是平滑肌，而是骨骼肌，所以我們才能有意識的控制舌頭來說話。

不知道是不是受電視戲劇橋段影響，上到口腔這部分，常有學生會問咬舌自盡到底是怎麼一回事。嗯，我的答案是：「那應該是痛得要命而且還很難死的一種方法吧！」舌頭是很厚的骨骼肌，要用牙齒把它切斷是很困難的，加上舌頭具有豐富的神經支配，平常不小心咬到都痛徹心肺，更何況是要咬斷它？會想咬舌自盡的人，得非常耐痛才有辦法咬斷舌頭。就算有決心咬斷，能不能死成還很難說，舌繫帶兩側看起來好像各有些很粗的血管，但其實那已經是血管末稍了，要流血流到可以致死的量，可能要花非常多時間，如果凝血機制好一點，結果恐怕只是痛得半死而已。

除了舌頭，學生們還必須找到唾液腺。唾液腺有三對，最大的一對是我們講顏面神經時談到的「腮腺」，此外，還有舌頭底部的舌下腺以及在下頷骨邊緣的下頷下腺。

在牙齒的部分，成人口腔有三十二顆牙齒，上下排門牙八顆、犬齒四顆、小臼齒八顆、大臼齒上下加起來十二顆，不過，在大體老師身上通常不會看到這麼齊全的牙齒，很多大體老師都有假牙或缺牙。

張開嘴巴，在口腔深處的最中間，有個像鈴鐺一樣的構造叫做「懸雍垂」，它是軟顎的最末端，在它兩側咽壁上有顎扁桃腺，有時候我們喉嚨不舒服去看耳鼻喉科，醫生叫你把嘴巴張開，就是要看兩側扁桃腺有無發炎。

耳：精巧細緻的聽覺構造

人體的耳朵，可分為外耳、中耳、內耳三個空間，鼓膜隔開外耳跟中耳，卵圓窗隔開中耳跟內耳，外耳比較單純，我們的觀察重點會放在中耳與內耳。

中耳裡面有三塊非常精巧的小聽骨，由外而內分別是錘骨、砧骨、鐙骨，聲音從耳道進來以後，會先震動鼓膜，然後聲波沿著這三塊小聽骨，經過卵圓窗進入內耳。這三塊小聽骨是我們人體最小的骨頭，因為構造都太迷你了，必須要用放大鏡才能看得清，其中人體最小的鐙骨大小只有兩、三公釐，比米粒還小，非常精細可愛，錘骨貼在鼓膜上，有個像小鐵錘的圓頭，砧骨則像打鐵時用的鐵砧，至於鐙骨則像是騎馬時放腳的馬鐙般，它的基部貼在卵圓窗上。

而內耳的構造，則包括稱為「骨性迷路」的骨質空腔，以及在骨性迷路中的膜狀管與囊，裡面有淋巴液，稱為「膜性迷路」。

骨性迷路的主要構造是耳蝸與半規管。耳蝸是內耳感知聲音的構造，從名字就可得知，它的形狀非常像蝸牛的殼，呈螺旋纏繞狀，殼繞的圈數正好是二又四分之三圈，最寬處約直徑七、八公釐。而位於前庭後上方還有前、後以及外側三個半規管，負責人體的平衡覺。

這邊解剖的難度頗高，因為大部分都是骨頭，骨性迷路埋在大體老師的顳骨中，半規管跟耳蝸外圍也都是硬骨，學生解剖時像是在做精細雕刻一樣，要小心翼翼用鑿子跟鐵鎚輕輕把骨頭敲開，才看得到埋在裡面的構造，可是耳朵這裡的構造都十分細小，加上每個大體老師的骨質密度都不一樣，這一鑿子鑿下去骨頭最後會怎麼裂，實在很難預測，經常一刀鑿下去，就不小心切到半規管，看起來就會像是兩個洞，沒有辦法看到完美的半圓形。

我們解剖的原則是不做多餘的破壞，所以有兩個的構造，通常我們只會破壞一個，比如說，我們只會取一顆眼球切開、只敲開一邊的耳朵，不過，如果發生不小心敲碎的情況，也只好請大體老師多擔待些，再獻身「指導」一次了。

還老師一張漂亮的臉

或許有人會覺得，經過這一番切割，大體老師大概也「面目全非」了吧？

但其實，並沒有一般人想像中那麼破碎。我們在解剖顏面時，皮膚會沿著大體老師臉部正中切開，眼睛與嘴巴因為是環狀肌肉，所以在嘴唇外一公分處、眼睛外二到三公分處會有圓形切口，看起來有一點像是從臉部中間對裁的紙面膜，可以翻開來，這片「面膜」兩端的皮膚都還會連在耳朵上。

到學期末，從大體老師身上拿出來的器官，如內臟、大腦、眼球……等等，全都必須放回原處，此外，學生還必須把大體老師身上所有的切割線都縫合起來，而我們也會去檢查學生的縫線，如果縫不好，還會要求他們拆掉重來。

事實上，經過了一學期，學生們對大體老師都頗有感情了，就算我們不特別要求，學生們也都會很認真縫合，特別是臉部，因為皮膚比較薄，很容易就縫破，若是縫破，不免要想辦法補救，傷痕太多，那可能就會有點像科學怪人，臉上疤痕累累。學生們總覺得人的容顏是很重要的，一定要讓大體老師齊頭整臉的告別，因此，在縫合臉部時，總會推派手最巧的組員去縫。

有些學生的表現還真是讓人驚訝，這些孩子們可能之前在家從沒做過針線活，可是心細如髮，「手藝」好得不得了，無論是縱走或環形的切割線，都能縫合得整齊漂亮，針腳細密，且每一針都是等距的，簡直像是刺繡一般。縫得特別好的組別也會很得意來我們這些活老師面前邀功：「老師，你看看我們（大體）老師，是不是特別漂亮呢？」

這些孩子對大體老師表達謝意與敬意的一種方式，就是認真收尾，讓大體老師體體面面、漂漂亮亮地離開課堂。

學生們在剪開包覆在大體老師臉上膠膜時，常會有「老師在笑」的第一印象，我在想，大體老師若地下有知，知道這些學生們有這麼溫柔妥貼的心腸，應該也會想報以嘉許的微笑吧？

第九課

悲歡歲月的時光容器：腦部解剖

關於頭部，在我內心深處，埋藏了一段不堪回首的傷心記憶。

我有一個長我四歲的哥哥，可是，他在我小學五年級那一年，就永遠離開我們了。

我小五時，他國三，在學校某些老師眼中，他是個「壞孩子」，但他其實並不「壞」，他性情直爽善良，喜歡呼朋引伴，對朋友非常講義氣，但因為聰明有自己的想法，比較沒那麼服從權威，這種不是「乖乖牌」的孩子，很容易就會蒙受一些不必要的誤解。

在那個青春常受踐踏的壓抑氛圍下，小孩子哪有什麼隱私和尊嚴可言？學校可以隨時對你搜身，有一天，校方在哥哥書包裡搜到了一包香菸，儘管哥哥強調那不是他的，只是幫朋友收著，但老師並不相信他，而哥哥說什麼也不願意供出香菸主人是誰，學校便找了我爸媽去學校談，還威脅說要把哥哥退學。抽菸的確不是什麼好事，但是，在當年的校園文化中，抽菸這件事，可以被上綱成品德的嚴重瑕疵，只要跟菸沾上關係的，就是「不良少年」。

回家後，我爸爸把哥哥狠狠打了一頓。我爸爸當時的工作是營造業的承包商，帶著許多建築工人一起在工地做事，為了要處罰我哥，還把他帶去工地做工。那段時間，他暫時從學校休學，白天和我爸去工地，晚上自己唸書，準備以同等學歷考高中。

出事的那天，到了吃晚飯的時間，哥哥卻遲遲沒回家，我媽媽覺得奇怪，問那天一起去工作的叔叔，表示中午還有看到，但之後就沒印象，以為他先回家了。再等了一些時候，哥哥還是沒回來，大人們開始覺得不對勁，這才回工地去找。最後，在未完工的電梯井裡，發現了失足墜落的哥哥。

我永遠忘不了那混亂的一夜。當救護車來到工地時，大家七手八腳把哥哥抬上救護車，我扶住哥哥的部位，正好是哥哥的後腦杓，那個觸感竟然是軟的，把哥哥送上救護車以後，我下意識摸了一下自己的後腦杓，是硬的，為什麼哥哥的後腦杓摸起來卻是這麼怪異的觸感？

送哥哥到醫院以後，我們全家被擋在急診室外，大家心急如焚，慌成一團，媽媽帶著我和姐姐、弟弟一起跪在醫院門口，哭著祈求老天爺保佑哥哥，這一幕，我怎麼忘也忘不了。

哥哥送進急診室時，容顏看起來就像是睡著了一般，只是這一覺，再也沒有醒過來，他終究是永遠地走了。

爸爸非常自責，幾乎崩潰，但是在台灣傳統文化裡，長輩是不可以為晚輩哭的，旁邊的人還要他忍住，他那壓抑的神情，讓我非常心酸。

我大學聯考時，其實分數能上醫學系，父母親也都希望我以後可以當醫生，但是，我最後卻選擇了動物系。因為，對我來說，醫院實在是一個太過悲傷的地方，我覺得我自己恐怕不適合當一個醫生。沒想到，後來我雖然沒成為醫生，卻變成了未來醫生們的老師。

時間，是最好的止痛藥。經過了這麼多年，那些巨大的驚恐與哀慟慢慢退去，我漸漸比較少去想起那段回憶，或者，也許我是刻意地去埋葬這段傷心往事。

但是，在我回國任教的頭一年，帶學生們鋸開頭骨的那一天，回家後，那一段心痛的記憶，又驀地襲上心頭。

為了要觀察腦部，我們必須在大體老師頭頂先做十字切割，把皮膚、肌肉、筋膜，像是剝香蕉皮一樣翻下來，正面翻到眉弓處，後面翻到露出大部分枕骨，差不多就是我們戴棒球帽時帽沿所在的位置，之後，套一圈棉線或橡皮筋在這個位置做記號，再用電鋸在頭骨鋸一圈。

這是學生第一次用到電鋸，在鋸的時候，整個實驗室都會瀰漫一股看牙醫時鑽牙齒的味道，同時也會產生許多骨屑，為了安全起見，學生們得戴上類似焊接時戴的那種透明壓克力保護面罩。

鋸頭骨的電鋸並不是恐怖片裡殺人狂用的那種大型電鋸，鋸片直徑只有五、六公分而已，但為了避免鋸太深，不小心傷到腦組織，影響後續觀察，我們並不會直接鋸穿，而是沿著頭骨鋸一條溝槽，之後再小心把骨頭鑿穿，再把分離的頭蓋骨像碗一樣拿下來。

頭蓋骨很堅硬，下面有硬腦膜，跟頭蓋骨緊緊連在一起，要把頭蓋骨像碗一樣地拿下來，其實要花很大力氣。上課時，我滿腦子只是想著解剖專業，以及要如何讓學生可以順利觀察，並沒有其他雜念；但下了課以後，在回家的路上，我突然怔住了，我想到當年扶住哥哥後腦杓時那軟軟的質感，不禁一陣椎心……頭骨是這麼堅硬的結構，堅硬到必須用電鋸、鐵錘、鑿子才能破壞，哥哥出事的那一日，究竟是受到何等大的衝擊，才會把腦袋撞成那樣？

日子總是要繼續前進，不小心被剝開的情感傷口也會重新癒合。之後的幾年，就算解剖到大腦時，我也學會不再受到強烈的情緒衝擊，但我知道那種痛楚其實並未真的消失，偶爾，還是會冷不防又把自己帶回小學五年級那一夜的場景。這也是大腦這個時光容器的特別之處吧？那些悲歡歲月、所思所學，都被收藏在這個被頭骨保護著的一點五公斤的柔軟組織裡。

硬的似皮革，軟的似腸衣

往事還是暫且擱下，回到我們的解剖檯吧。

頭蓋骨打開以後，可以觀察到腦膜，我們腦膜有三層：硬腦膜、蜘蛛網膜、軟腦膜，主要都是結締組織所構成的構造，表面則有上皮細胞覆蓋。硬腦膜緊貼著頭骨，質地在這三層腦膜中最為緻密堅韌，厚度也最厚，厚薄有點像是那種紮實一點的塑膠袋，但堅韌度則比較接近皮革，將硬腦膜剪開來以後，就可以看到左右大腦半球。

緊鄰著硬腦膜的是蜘蛛網膜，這是一層透明纖薄的膜，向軟腦膜方向形成許多網狀的分支，所以有蜘蛛網膜的名稱。下面有很多大型血管，像是大腦動脈、大腦靜脈等；而軟腦膜則是緊貼在大腦表面的薄膜，包覆整個大腦表面的腦回及向腦內延伸的腦溝，這半透明的薄膜組織，有一點類似更纖細一點的腸衣。

蜘蛛網膜跟軟腦膜之間的空間，叫做蜘蛛膜下腔，在活人身上，這個空間會充滿清澈的腦脊髓液，具有保護腦組織、緩衝及清理代謝廢物等作用，但大體老師不是活體，所以蜘蛛網膜會塌陷蓋在軟腦膜上，我們打開硬腦膜以後，通常直接看到被蜘蛛網膜及軟腦膜覆蓋的大腦左右半球。

講到腦部的疾病，一般人最常聯想到的就是腦中風，這是指腦部缺血造成的神經損傷，簡單來說可以分為兩種，一種是缺血性腦中風（例如，腦血栓症、腦栓塞），另外一種是出血性中風（例如，腦組織出血、蜘蛛膜下出血）。前者因為血管塞住，導致血流難以通過，造成血管遠端的下游腦細胞缺血、缺氧壞死；而後者則是因為血管破裂，導致血液流量不足，而且流出來的血液還會殃及周遭組織。

出血型的腦中風，要比缺血型的來得危急，缺血型的腦中風若能及時做適當處置，恢復的機率還蠻大的，但如果錯過黃金時間，情況就比較不妙。十多年前，我剛生完小孩，我媽到花蓮幫我做月子，偏偏這時候，我爸爸突然中風，我媽媽一直聯絡不上他，才趕緊要剛下班的弟弟去看看，雖然我爸爸是缺血型的中風，但因為拖太久才送醫，部分腦組織都壞死了，後來就導致我爸爸左半邊癱瘓。

還有一種比較不那麼嚴重的腦中風稱之為暫時性腦缺血，也就是俗稱的小中風，患者可能會有半邊的手腳或臉部突然不聽使喚，或是視力突然模糊甚至看不見、突然大舌頭或失語等，因為影響的區域很小，所以通常在二十四小時內就會恢復正常，但這有可能是比較嚴重腦中風的前兆，還是得提高警覺。

龍骨的秘密

人體有十二對腦神經，不過，它們都位於腦靠近顱底側，要把整個腦托起來才看得到。人腦在解剖學上經常又區分為大腦、小腦、間腦、中腦、橋腦和延腦，向下與脊髓相連，解剖時，我們希望能夠把腦和整條脊髓都一同完整取出觀察，因此，在辨識十二對腦神經之前，我們會先進行背部的解剖。

把背部的皮膚翻開以後，我們會先觀察肌肉。背部的肌肉主要分布在脊柱的兩側，左右對稱，最淺層的肌肉是由後頸至上半背部的斜方肌，這是一對三角形的肌肉，起點（三角形的底部）在脊柱，終點（三角形的尖端）在肩部，人們常說肩頸酸痛，要找按摩師推拿推拿的部位，就是斜方肌，在斜方肌下面還有佔據下半背部的闊背肌，也是起點在脊柱，終點在肱骨，我們做闊背動作，就需利用到這塊肌肉。淺層肌肉中，還有提肩胛肌、大小菱形肌等，不過，最明顯的就是斜方肌跟闊背肌。

把背部淺層肌肉附著在脊柱處剪開，向外側翻開後，就可以看到深層有兩大束豎棘肌，這兩束肌肉位於脊椎兩側，功能是幫助人體把背挺起，維持直立，一般我們講的「里肌肉」，對應的部位就是豎棘肌。

把豎棘肌盡量往兩邊撥開，就會露出埋在下面像蜈蚣般的脊椎。中間是一整排凸起的棘突，在棘突兩邊是椎板，必須使用雙排鋸把椎板鋸開來，才會露出脊髓，我們會從頸椎一路鋸到薦椎，把整條棘突跟與其相連的一部分椎板拿起來，以觀察脊髓。

人體的背部一共有三十三塊椎骨：頸椎有七節，胸椎有十二節，腰椎有五節，另外還有五節薦椎（癒合成一大塊）以及三到四節尾椎（也是癒合成一大塊）。

說來有趣，絕大部分哺乳動物，頸椎的數目都是固定七節，長頸鹿脖子這麼長，也是只有七塊頸椎（所以長頸鹿的一節頸椎就有二、三十公分）；而海豚、鯨魚這些看起來好像沒有「脖子」的哺乳類動物，頸椎也一樣是七塊，哺乳動物中只有海牛（儒艮）和樹懶的頸椎數不是七塊。

人體的脊柱比脊髓要長，脊髓只分布到第一、二腰椎處，由脊髓末端到薦椎間則為一條條較細的脊神經所構成的馬尾。在懷疑有腦膜炎要抽脊髓液，需要做腰椎穿刺時，或是進行脊髓麻醉時，針通常由第三腰椎以下穿入，才不會傷到脊髓。

仔細觀察脊椎，可以看到在每一節脊椎椎體與椎體中間，有軟骨的構造，這就是椎間盤。正常來說，椎間盤的大小應該跟上下椎體是吻合的，所謂的椎間盤突出，是指軟骨被擠壓到超出椎體，就像是凸出來一般，如果它凸出去的方向沒有擠壓到重要構造，那可能還好，如果凸出去的方向是往椎孔的方向，就會壓迫到脊髓，造成神經傳導的問題，引起酸麻漲痛等反應。當椎間盤凸出發生在頸椎，就可能會影響到上肢；如果是發生在腰椎，就可能會影響到下肢。

我們用雙排鋸把大體老師脊椎骨的後半部拿起來以後，就可以看到位在脊椎圍成的椎孔中央呈現米黃色的脊髓，脊髓跟腦的組織很類似，質感都像硬一點的豆腐。腦跟脊髓都屬中樞神經，脊髓周圍也跟腦部一樣，有三層腦膜保護著。每一節脊椎都有脊神經從脊髓兩側向外發出來，為了將腦與脊髓取出觀察，我們要把脊神經通通剪斷，剪的位置就是靠近硬腦膜的地方。

因為腦幹是連著脊髓的，當脊神經都剪斷以後，就可以把脊髓跟腦部一塊兒從大體老師身上取出。

十二對腦神經

不過在取出腦部之前，必須先把十二對腦神經都剪斷，大腦才拿得出來。這些腦神經可以從大腦底部看到，為避免損傷組織，老師們通常會一組一組教學生如何輕柔地把腦托起來，等分辨清楚後，再一一剪斷。

我們以前當學生的時候，老師有教我們一個口訣來背誦十二對腦神經「一嗅二視三動眼，四滑五叉六外旋，七顏八聽九舌咽，十迷十一副十二舌下」，它的數字順序，就是從額頭部分往後腦杓方向的神經排列順序。其實嚴格說起來，這口訣好像也沒有運用什麼特殊聯想來幫助記憶，只是讀起來比較有節奏感，方便記憶罷了，我們這些自然組的學生，大多都能背出這個口訣。

我有個同事，還把這套口訣當順口溜教小孩唸著玩，當別人家小孩唸「小皮球，香蕉油，滿地開花二十一」時，他小孩是唸「一嗅二視三動眼，四滑五叉六外旋……」看了不禁讓人莞爾，不知道這樣算不算是一種「家學淵源」？

我們就用這套口訣來介紹這十二對腦神經吧。第一對是「嗅神經」，我們收集氣味的位置在鼻腔頂端，額葉下方壓著嗅徑跟嗅球，嗅神經的功能就是將細胞接收到的氣味訊號傳到大腦的嗅球，再由嗅徑傳回大腦。嗅覺神經細胞有一個值得一提的特點，一般成人體內的神經細胞是不會再生的，但嗅覺細胞卻是少數終生有再生能力的神經細胞。

相較於其他動物，人類的嗅覺是比較不好的，有些學生之前有解剖過老鼠，他們就可以明顯感覺出這種差異，老鼠的嗅覺非常發達，牠的腦由前到後只有兩、三公分，但嗅球大小就有兩、三公釐，可是我們人腦這麼大，從額葉到枕葉長度約十六公分，可是我們的嗅球只有一公分，比例明顯遜於老鼠。

腦部稍微托起來以後，還可以看到第二對腦神經「視神經」，它們所含的神經纖維可以將視網膜收集到的訊息傳輸回腦部，一旦損傷，就可能影響視力甚至失明。第三對腦神經「動眼神經」，顧名思義它是用來支配眼睛周圍肌肉的神經，若是損傷，可能會有無法正常移動眼球、瞳孔無法正常收縮等問題。

第四對腦神經是「滑車神經」，它們也是掌管眼球運動的神經，支配眼睛的上斜肌，是所有腦神經中最細的一對，如果受損，會影響眼球向下或外展的能力。

第五對腦神經是「三叉神經」，它們是最大的腦神經，之所以叫這名字，是因為它的前緣會分支為眼神經、上頷神經跟下頷神經。三叉神經不只是控制肌肉的運動神經，它們的神經末梢會到皮上，也是感覺神經，幾乎所有來自臉部的觸覺、疼痛，都跟三叉神經有關，就連牙痛的感覺，也是它們的管轄範圍，人們看牙醫「抽神經」（根管治療），抽的就是三叉神經的末稍。

第六對腦神經是「外旋神經」，它們是運動神經，支配眼球的外直肌，若是受損，眼球便無法往兩側運動。

第七對腦神經是「顏面神經」，我們上一章已經談過它們，這對腦神經也是同時兼有運動、感覺兩種神經纖維，從腦幹發出來以後，分布在全臉，可以控制臉部表情肌、味覺、淚腺、唾液腺等，如果受損，就有可能造成嘴歪眼斜、「皮笑肉不笑」

的情況。

第八對腦神經是「前庭耳蝸神經」，也就是俗稱的聽神經，前庭分支掌管平衡，耳蝸分支掌管聽覺。

第九對腦神經則是「舌咽神經」，它們的運動纖維掌管咽喉肌肉，感覺纖維則負責舌頭後三分之一的味覺以及咽喉的感覺。

第十對腦神經是「迷走神經」，我們在第三章時曾與大家分享過這對「管很寬」的神經，是腦神經中最長、分布最廣的一對，它們含有運動、感覺神經纖維，支配了大部分的內臟運動、感覺以及腺體分泌。

第十一對腦神經是「副神經」，它們是運動神經，支配頸部的胸鎖乳突肌與背部的斜方肌。

第十二對腦神經是舌下神經，支配舌頭的肌肉。

我們要把這十二對腦神經都一一辨別出來，並從顱底剪斷，才能把腦拿出來。

能思考的「木棉豆腐」

人腦差不多一點五公斤左右，質地頗軟，就像是木棉豆腐一般。取下來的腦，上面覆蓋著蜘蛛網膜跟軟腦膜，佈滿血管，解剖時，我們會把蜘蛛網膜剝離，以觀察表面凹凹凸凸的大腦，凹陷下去的地方稱為腦溝，鼓起來的地方，則稱為腦回。

腦部分為幾個主要部分：前腦（包含大腦與間腦）、中腦以及後腦（橋腦、延髓與小腦）。

大腦是腦部的主要構造。從外觀上來看，可分為左右半球，由稱為胼胝體的白質聯絡左右半球，如果我們把大腦從大腦縱裂處做正中切，就可以看到在大腦半球內部有一個弧形的構造，那就是胼胝體；若我們從耳朵的地方做橫切，就可以看到胼胝體與左右半球是相連的。

大腦表面有二個比較明顯的腦溝，分別是：中央溝與外側溝，根據這些腦溝，可以把大腦區分成不同區域。中央溝之前、側溝上方，靠近額骨的區域稱為額葉；中央溝之後、側溝上方，靠近頂骨的部位是頂葉；側溝之下，靠近兩側顳骨的區域是顳葉；而腦後方較不明顯的頂枕溝與枕葉前切跡連線後方，靠近枕骨的部分則是枕葉。

大致來說，額葉管轄的是思考與判斷，以及部分語言區；頂葉則是主掌運動與感覺；而顳葉則跟聽覺、語言有關；至於枕葉，則是管視覺的區域。

為了要觀察內部的構造，我們會對大腦做不同的切割。若對大腦做橫切，也就是從眼睛的方向，往後腦杓方向切，可以看到切面有深淺不同的差異，最外層稍微深色的部分稱為「灰質」，也就是大腦皮質，是神經細胞聚集的地方；而中間比較白的部分則是「白質」，也就是大腦的髓質，是神經纖維聚集的地方。

大腦中間還有許多深咖啡色的區域，這些也是神經細胞聚集的地方，被稱為「核區」，神經解剖學家通常根據這些核區的樣子來命名，譬如說，杏仁核、豆狀核、尾狀核等。

此時學生們的一大挑戰，是練習辨認出不同切面下較深色的這些區域，像是基底核、杏仁核及海馬回等。基底核顧名思義，是位於大腦的基底深處，主要由豆狀核及尾狀核組成，豆狀核與尾狀核合稱為紋狀體，主要功能是控制自主反應、調節肌張力，讓我們的骨骼肌可以做精細的運動。而位於尾狀核尾巴處的杏仁核，則掌管人體情緒與內臟反應，遇到突發狀況時，可以決定要「戰」或「逃」。

大腦顳葉深處一對弓形的構造稱為「海馬回」，功能是掌管記憶，海馬回受損的人，記憶就會受影響。俗稱「老人癡呆症」的阿茲海默症，除了大腦多處受影響外，也經常可見海馬回的病變，例如類澱粉斑塊沉積在大腦皮質與海馬回周圍，導致神經變異，嚴重影響患者記憶能力，隨著病情加重，甚至連一般生活都難以自理，電影《我想念我自己》主角就是罹患阿茲海默症，剛開始她是健忘、容易迷路，到後來，她變得易怒、無法控制大小便等。

有些大體老師的病歷上也有提到他們生前曾被診斷出腦部相關病症，但我們很難在解剖檯上用肉眼看出什麼端倪，畢竟神經細胞相關病變還是必須要透過顯微鏡，才能看出差異。

不過腦腫瘤則是我們在解剖檯上能夠明顯看到的腦部異常。腦腫瘤可能是原發的，也有可能是其他癌症轉移形成的。很多大體老師過世的病因都是因為癌症，我們曾看過癌細胞轉移到大腦或腦膜的情況，從外觀上就可以清楚分辨是比較硬的團塊。有些腦瘤非常大，我們就曾看過有大體老師因為長了腦瘤，導致其中一邊側腦室被擠壓到非常小，按理說人體左右大腦半球之間的側腦室，空間應該是差不多的，可是在那位大體老師身上就顯得比例失衡，這樣的腫瘤會壓迫到周圍的腦組織，影響該區域所司的相關功能，譬如可能就有肢體無力、講話講不清楚之類的症狀。

除了大腦，間腦這裡有兩個重要核區匯集處，一個是視丘，另一個則是下視丘，前者是感覺訊息（例如，視覺、聽覺、觸覺、嗅覺、痛覺、尿意等）由脊髓、腦幹、小腦等傳到大腦的主要傳遞站，而後者則是調節體溫、內分泌的樞紐。

在腦海深處……

從演化的角度來看，有著高度推理、學習能力的新皮質（也就是位於大腦表層那些皺摺溝壑）是最後才發展出來的；而位於腦深處的海馬回、扣帶回、杏仁核、視丘、下視丘等，則是發展歷史比較古老、原始的舊皮質，這些舊皮質被稱為邊緣系統。人類的新皮質遠比其他動物來得更複雜發達，讓我們得以成為最聰明的一種動物，不過，我們日常生活中許多反應、情緒，還是由邊緣系統所控制。

即使已經事過境遷，邊緣系統仍能喚回那些曾經強烈衝擊我們情緒的記憶，就像我在這一章最前面說的那件事，對我的影響非常深遠，大到足以扭轉我的生涯，讓我覺得我不適合當醫生，因為，我無法在那麼悲傷的地方工作。

四、五年前，彷彿冥冥中註定似的，我姐姐得知好友的男朋友竟是我哥哥國中交情極好的同學，也是長我幾屆的大學學長。從學長口中，我們彷彿重新認識了年少的哥哥，那個聰明、重情義、有主見的哥哥，那個讓要求絕對服從的老師頭痛的哥哥。那天，我們才知道，雖然多年來避而不談，但家人還有好友其實都一直想念著他。

我小時候，對「老師」這個行業，內心是有點糾結的。因為我哥哥的老師從認定我哥哥是「壞小孩」後，並未試著去瞭解他或幫助他，而我當年的學校老師，也曾若有所指地跟我的同學說過：「她的哥哥，是會抽菸的小孩。」對年紀這麼小的孩子來說，我們對老師的一切評價都看得很重，這些事情，曾讓我十分受傷。

當然，一路走來，遇到的好老師還是比較多，他們認真、熱忱、溫暖，我深深感謝這些師長。如今，我也成為人師，那些雋刻在我腦海深處的故事，傷心也好，感恩也好，都讓我對自己所扮演的角色多了一層很特殊的體會。我期許自己能慎重看待這個身分，也能成為一位認真、熱忱、溫暖的老師，儘管我教的孩子已經不是懵懂的小朋友，而是心智已經相當成熟的大孩子，但我想師生之間，仍有許多超越知識的相互作用力。

不要說是我們這些「活老師」，教解剖這麼多年，親眼看到許多學生受大體老師影響甚多，不只是在大體老師們身上學專業知識，同時也在學一種情意、一種大愛，我們這些「老師」們，用各種不同方式，在影響學生們的人生。

也許我做得還不夠好，但我會盡我所能，不辜負自己的期許，更不辜負那些與我有緣相遇的孩子們。

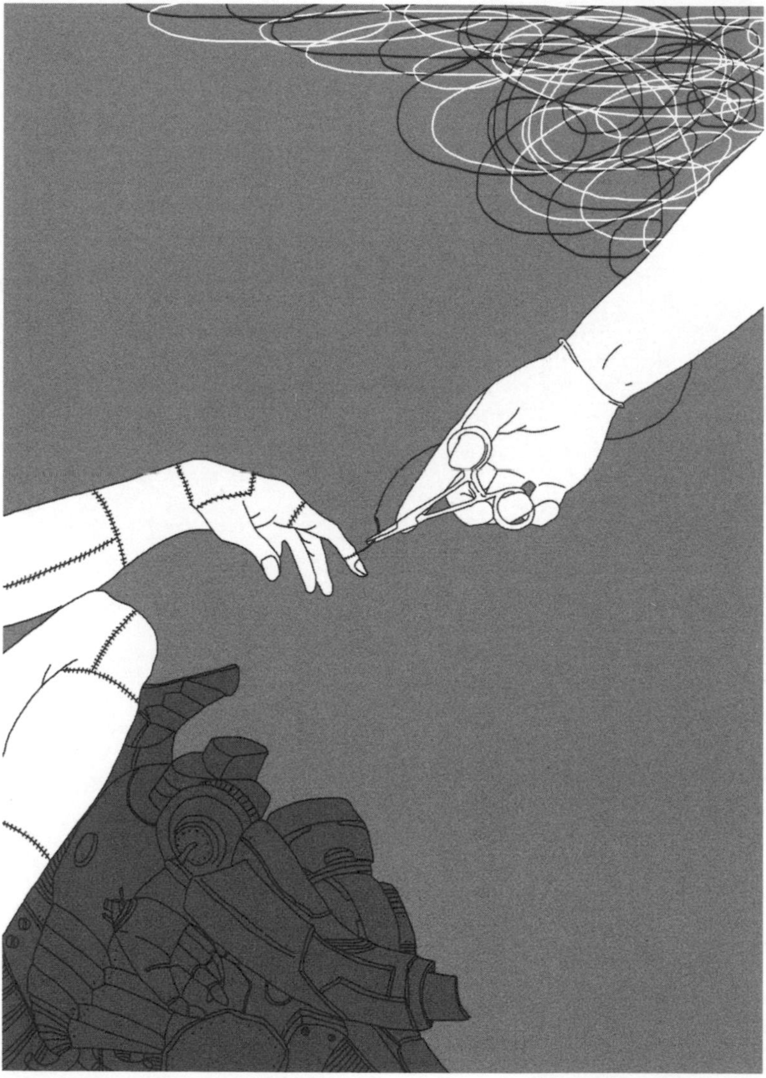

第十課

縫合：最後的告別

終於，到了說再見的這一刻。

醫學系三年級為期十八週的大體解剖課，前十七週是緊鑼密鼓的正課，最後一週，則整週都用來收尾與善後，包括縫合大體老師以及徹底清潔實驗室等。

在前十七週實驗課中，從大體老師身上拿出來的臟器，觀察完都會先用潮濕的白布包起來，放在內臟桶中集中保存，在最後一週，學生們必須把這些臟器全部復歸原位，剪下來的血管或取下的構造，也都要盡可能放回原來位置。

而大體老師身上所有切割線，無論是刻意為之或不小心割錯的，全部都要縫起來，而且，縫線不能亂七八糟毫無章法，必須縫得整齊漂亮，否則我們檢查過後還是會要學生拆掉重來。

我們希望送大體老師走的時候，他們不是支離破碎的一堆血肉骨頭而已，而是一個有尊嚴的、完整的模樣。

接下來，則是徹底清潔解剖檯與實驗室。雖然每一次上完實驗課，都會嚴格要求學生整理，但人體有很多脂肪，解剖檯上難免還是會有一些殘油，因此最後一週，必須用清潔劑徹底清潔過再仔細打蠟；實驗室的無影燈（就是手術室裡用的圓盤型照明燈）、實驗室排氣孔（用以把揮發出來的福馬林排掉）濾網、百葉窗等細節，也通通都要徹底清潔。因為保養得宜，儘管我們實驗室這些設備都已經用了二十年，但看起來還是光潔如新。

最後一週，學生們的心情多半都有點複雜，一方面鬆了口氣，總算熬過了這門繁重艱難的課；但另一方面，這也意味著，他們得和「相處」了一整學期的大體老師告別了。

十八週的高壓考驗

大體解剖學的課業負擔極其繁重，不但要在大體老師身上學習，活著的老師要求又非常高，在醫學系可以說是一門「惡名昭彰」的課，還沒修過的學生大多都聞風喪膽。

解剖學是一門很講究實做的課，從某個角度來看，還真有點「師徒制」的味道，活老師們手把手地帶著學生們一區一區地解剖學習，大體老師則慷慨捐軀以身示教，這種獨特又緊密的師生關係，大概也只有在這門課可以體會到。

因為慈大醫學系特別看重這門課，負責學科的老師一個比一個嚴、一個比一個凶悍。課堂上，感覺就像傳統黑手老師傅教學徒一樣，經常罵聲不絕：「啊啊啊，才剛說不要剪錯就剪錯，你們搞什麼鬼啊？」「這樣也能做壞，我看你們完蛋了！」「圖譜咧？都不會先看過圖譜嗎？」

絕大部分醫學系學生從小就很會讀書，原本都是被捧在手掌心的天之驕子，很多人這輩子還沒被這樣罵到臭頭過，也算是一種震撼教育。這群孩子雖然聰明，但人體何其複雜？絕非只靠小聰明就可輕騎過關，在實驗室裡奮鬥好幾天卻遲遲無法解剖出該有的成果，是經常有的事，而且，這門課考試之密集、之困難，也是學生前所未見。

大二升大三的暑假一結束，在課程開始前，就會先考一次骨學跟肌學，這等於是逼學生們在暑假期間就得先讀書，心裡有個底再來解剖。而學期開始後，更是一場硬仗，一學期也不過十八週，就要考五次試，大約三、四週就考一次。

大體解剖學考試的獨特之處在於：除了筆試，還要「跑檯」。所謂的「跑檯」，就是在大體老師身上出題，在某些特定構造一端綁上釣魚線，另一端則繫著一個壓克力號碼牌，號碼牌即題號，釣魚線綁住的構造即考題。有些構造若不適合綁線，我們會想辦法標示，譬如說，大腦或腎臟切開後，要考中間的某構造，無法用線綁，就會改用珠針插在上面。

慈大醫學系大體解剖學每學期啟用十二位大體老師，課堂上每組成員固定解剖同一位大體老師，但考試時，題目是平均出在十二位大體老師身上，學生必須在不同的解剖檯旁答題，每題時間到時，學生依序跑向下一個解剖檯，所以才叫做「跑檯」。

在不同大體老師身上出題，才能考出實力，由於每一組大體老師難免有體態上的差異，每一組學生解剖的完整度也不同，學生不能只依靠自己「熟悉的感覺」來答題，而必須對構造有充分的認識，才能正確判斷。

我們出題時，也會仔細斟酌，希望學生不要錯過最重要的東西，同時為了讓題目沒有爭議，經常出題時會花許多時間將考題解剖得更清楚，或將附近重要的指標性構造解剖出來。我自己有好幾次，在實驗室出題出得很晚，記得有一天晚上，剛好有媒體來拍紀錄片，看我一個人待在實驗室裡綁線插針，記者忍不住私下問我：「老師，您都不會害怕哦？」我不禁啞然失笑，教大體解剖學十幾年，這種事是家常便飯，我還真是從來沒怕過，再說了，這些大體老師也算是我的「同事」吧？而且是絕對默默支持、挺你到底的那種同事，有什麼好怕的。

我們跟大體老師「相處」時，通常都很平靜，要說有什麼情緒衝擊，大概是出題時看到學生粗心弄壞非常重要的結構時，會突然火冒三丈，碰到這種情況，我們就會故意把題目出得很難，算是一個警告。

慈大解剖的另一大特色，就是在跑檯前一天，會先進行口試，事前會給學生一張落落長的清單，譬如說，上肢假設有四百項必須解剖出來的構造，一組五個人，每個人大約必須負責講其中八十個項目，學生一一在大體老師身上邊指邊說明清單上的構造，老師一邊清點學生解剖出的各項構造，同時由學生的說明瞭解學生準備及理解的程度，也協助確認學生們沒有認錯構造。為了避免學生存僥倖心理，只念自己負責的部分，我們不會事先分配口試範圍，而是口試當天再現場抽籤，換句話說，你必須地毯式唸過一次，不能亂槍打鳥考前猜題，而且口試中間主考老師還會不斷質疑追問，可以說是相當高壓的考試。

這種口試非常花時間，光是口試兩組人，就得花四個小時，就我所知，其他學校醫學系並沒有這樣的制度，但我們學校向來很注重解剖課，八位解剖學老師全都甘願「摺落去」奉陪到底，不怕花時間，只怕學生懂得不透徹。

口試隔天，才終於進入跑檯這個重頭戲，而跑檯也並非不限時間，可以讓你在那裡慢慢琢磨。通常一題限定是三十五到四十秒，時間一到蜂鳴器就會響，無論你是否已經有答案，都必須往下一題移動，非常緊張刺激。

我們平常上實驗課前，都會有一個短暫的默禱儀式，跑檯考試當天也不例外，我發現學生考前默禱看起來都比平常課前默禱虔誠許多，頗有點拜碼頭的味道。由於題目平均出在每位大體老師身上，有些學生考完試收拾完畢後，除了謝謝自己組別的大體老師，還一一到各個大體老師身邊默禱，讓人覺得窩心。

看他們壓力大成這樣，有時候也覺得蠻可憐的，但以後這些孩子們到了醫院，尤其若是在內外婦兒急診這五大科，也經常得面臨分秒必爭的狀況，他們必須早點學會習慣在壓力下做決定。為了他們好，也為了他們未來的病人好，我們這些活老師個個都心狠手辣鐵面無私，絕不放水或加分。

「心狠手辣」，是為了培養良醫

有些學校醫學系的大體解剖實驗課，是助教或博士生在帶，但我們的實驗課則都是老師親力親為。一個老師帶兩組，該解剖出來的構造，全部都要做出來，該找到的起終點，也全部都要找出來，務求能夠把課本的知識在大體老師身上一一印證。

有時候不免覺得，我們雖在大學任教，但也未免太像中學老師了，整個學期，除了週末以外，幾乎天天都跟學生們泡在一起，平時緊迫盯人，考完試還要約談表現不理想的學生，學生壓力大，我們也不輕鬆。

但是，我們這門課的老師群卻都願意奉陪到底，有些老師甚至願意犧牲週末假期，約談學生、回答學生問題。為什麼呢？其實理由也很單純，只要問自己一個問題：「將來這孩子若成為醫生，我有沒有信心讓他（她）幫自己開刀治病？」一切就都豁然開朗了，我們的工作，是為社會培養未來的良醫，而不是製造庸醫，以此為標準，當然就會嚴格要求。

因為少子化趨勢，加上有教學評鑑的壓力，有些大學系所會把學生當「客戶」，不敢隨便「得罪」學生，但是我們在教學或考試上卻從不手軟，而這麼多年來，學生也並沒有因為我們的嚴厲，就故意在教學評鑑惡搞我們，我想他們都知道，我們之所以這麼兇，是因為我們對他們期許很深，而且，他們也很清楚，將來他們面對的生涯，是一個不容出錯的世界，人命關天，豈容輕忽？

事實上，學生非但沒有在教學評量上「報復」我們，不少人跟師長們的關係還特別地親近，很多修完大體解剖學的學生寫卡片給我們時，常會提到：「好懷念老是被老師狂罵的日子哦！」不過懷念歸懷念，若問他們願不願意再來一次，大家都會斬釘截鐵說：「絕對不要！」我想對他們來說，大三上的這段經歷，可能有點像是以前男孩子當兵吧？雖然退伍後會津津樂道，但沒有一個人會想重來一次，因為，真的是太辛苦了。

「不科學」的師生情誼

慈大醫學系的學生不僅跟「活老師」特別親近，跟大體老師們也存在一種很微妙的「師生情誼」。

醫學生都是學科學的人，他們夠聰明也夠理性，都非常明白大體老師早已過世，再無知覺；可是，就情感面，他們卻還是經常把大體老師當作一個可以「溝通」的對象。

每一次上實驗課前，我們都有一分鐘左右的默禱儀式，我們本來也不很清楚學生默禱時都在想些什麼，但有一年，在送靈那天的感恩追思典禮中，有一組學生表演的節目是短劇（追思典禮中，學生們會呈現數個音樂、戲劇或歌唱等節目，表達對大體老師及家屬的感謝），台詞就是他們這學期默禱的內容大集結，有人跳出來說：「老師，我今天考得很好哦，謝謝你。」也有人說：「老師，我不小心把你的××組織弄壞了，對不起！」還有人說：「老師，我們今天要做××進度，請你保佑讓這些構造容易被找到好嗎？」

早期曾有學生每週來上實驗課時，都會買一朵鮮花放在解剖檯上，送給他的大體老師當禮物；也看過有學生在解剖前，會握著大體老師的手，跟老師講話。對一般人來說，握著死人的手，實在是一個有點恐怖、匪夷所思的畫面，而且，學醫學的人這樣做，是不是有點「不太科學」呢……？

但我覺得這樣也沒什麼不好，甚至覺得溫馨。人之所以為人，就是因為有情，若能對死去的大體老師仍存敬意或情感，那對活著的病人，不就更能多點同理心嗎？

而「不科學」的事，又豈止這些？曾經「夢見」大體老師的學生也不少。有學生說他讀書太累睡著，夢見大體老師叫他們起來用功，要他們振作一點；還有人心情不好，夢到大體老師來安慰他，幫他加油打氣。會有這些貌似超自然的靈異經驗，固然比較可能是因為日有所思，夜有所夢，但也表示慈大的學生們跟大體老師的關係還真是親，親到連作夢都想到大體老師。

我們這門課還有一個很有意思的傳統，就是每年九月二十八日教師節前後，會選一個時間舉行「奉茶」儀式，讓學生表達對大體老師的敬意。這是在二〇〇八年時，由學生主動提起想在教師節謝謝大體老師的，還記得那時候學科裡每個老師都有種「我們的努力沒有白費」、「學生們真的把無語良師當做老師」的感動。只是當教師節奉茶變成傳統後，原本我有點擔心，這會不會到後來變成一個虛應故事的形式，但顯然我是多慮了，學生們對奉茶之熱心的，不只準備清茶一杯，還有學生特地打電話聯絡家屬，打聽大體老師生前熱愛的食物，到了奉茶那天，何止是茶？養樂多、可口可樂、高粱酒……琳瑯滿目，還有不是茶酒類的紅龜粿、柚子、花生米等，問學生準備這幹嘛，學生理直氣壯說：「我們老師以前就喜歡吃這個啊！」

對學生來說，躺在不銹鋼解剖檯上的，絕不是某個屍骨已寒的「教具」而已，而是「我們老師」，是有喜好、有感情的。

因為家訪的緣故，學生們都是花心思瞭解過這些大體老師的，因為這層緣分，有些學生跟大體老師家屬很親近，逢年過節還會彼此聯絡，家屬也會主動來關心孩子們課上得怎麼樣，有沒有吃好睡好。當然，也有家屬會問學生是否有在大體老師身上發現什麼異狀，對此，我們事前都會特別叮囑學生：「你確定的才講，不知道的千萬不要亂猜測。」

畢竟，我們手上有的病歷可能不完整，加上大體老師生前若是沒有相關症狀，也不會沒事跑到醫院去做侵入式檢查，學生要是口無遮攔做過多猜測，有時候只是讓家屬憑添自責與遺憾。

對華人來說，把親人遺體捐出去讓人「千刀萬剮」，絕對不是一件容易釋懷的事，也曾有家屬打電話給學生，說自己夢到大體老師入夢告訴他，說身上很痛，學生不安地跑來問我，是不是他們實驗時做錯了什麼，所以老師才會去「托夢」給家屬，我連忙安撫學生：「那是因為家屬思念老師，才會做這樣的夢。大體老師已經不會再疼痛了，再說，他們都有大捨的慈悲心，才會答應捐贈遺體讓你們學習，怎麼還會跟家屬抱怨呢？」

或許是因為「認識」大體老師，我們的學生在下刀時，態度是比較謹慎的，常看到學生不小心割錯或剪錯組織，會脫口而出跟大體老師說「對不起！」同時，學生也會有更強烈的責任感，覺得自己必須要好好學習，才對得起大體老師的託付。

是啊，若要深究，這些面向實在「不太科學」，但他們的不科學，卻讓我深深感動。

乘願再來，與君結緣

學期結束後，我們這些「活老師」依舊會在學校任教，學生還是可以常常見到我們，但是，大體老師們在學期結束後，則要送靈火化了。

大體老師們雖然已經過世了好幾年，但在啟用的那一刻，他們彷彿以一種獨特的形式「乘願再來」，與這個人間、這些孩子們重新建立十八週奇妙的聯繫。

每年，都有學生在縫合結束後感性落淚，對他們而言，這即將是一個真正的「永別」了。

縫合結束後，我們會先把大體老師用彈性繃帶包紮起來，以防還有些組織液由縫合處滲漏，靜置一個寒假，學生寒假結束後也都還會回到實驗室檢查。

送靈儀式當天，凌晨五點學生就會到學校來，為各大體老師著裝入殮，穿上「菩薩衣」與棉襪、布鞋，菩薩衣是純白色棉質的素淨長衫，由靜思精舍衣坊間的常住師父按各大體老師的身材精心縫製，盼能讓大體老師莊嚴聖潔走完最後一程。

入殮後，學生與家屬一起扶棺，把棺木送上靈車，全體參與送靈的人員，全都會以九十度鞠躬恭送大體老師，向大體老師表達最高的感恩與敬意，場面十分莊嚴肅穆，卻又讓人惆悵感傷。

大體老師都在吉安鄉公有火葬場進行火化，會有師父在現場帶領家屬誦經、行跪拜儀式。在火化典禮前一天，我們還會先帶學生去打掃火葬場，因為典禮當天送靈後，學生便要到演藝廳準備感恩追思典禮的最後綵排，不會陪同家屬一起到火葬場，怕火葬場難免有灰塵，我們前一天都會帶著學生去打掃。

學生在寒假期間，也會寫一封信給大體老師，入殮時一同放入棺木，同時也會請學生手抄一份副本給家屬。等待大體老師火化的時間，則安排隆重的感恩追思典禮，由當年度「受教於」大體老師的學生準備節目，可能是音樂、歌唱或戲劇，用來紀念這一年與大體老師的緣分。表演的節目或許有些不同，但每一年，學生都會一起唱《菩薩的化身》這首歌紀念老師：

您輕闔著雙眼　如同熟睡一般
您安詳的面容　無上聖潔莊嚴
您身體的病痛　自己默默承擔
您勇敢的捨身　是菩薩的化身
我因您的奉獻　獲得寶貴經驗
我受您的引領　體認人性光明
我虔誠的發願　真心關懷病人
我願盡我所能　用心搶救生命
您啟發我尊重生命　您引導我發揮良能
您我走入神聖殿堂　共同創造愛的循環
我學習您大捨大勇　我傚法您大愛精神
您我心靈緊緊相伴　生生世世直到永恆

謝謝您　感恩您　謝謝您　感恩您
謝謝您　感恩您　謝謝您　感恩您

雖然已經聽過好多次，但每一次聽學生唱，還是會覺得心頭一熱。誠願這些孩子們記得大體老師的獻身啟發，永不忘記歌詞中的承諾：做個「真心關懷病人，用心搶救生命」的仁醫。

感恩追思典禮進行時，我沒有跟其他師長一起坐在台下的師長席觀禮，而是和場控的學生及工作人員待在中控室，協助燈光與影片播放等作業，我的哭點很低，學生的表演或分享對我來說太催淚，能因為工作躲在中控室，我覺得這是很好的安排。

下午迎回骨灰以後，大部分骨灰交由家屬帶回或由學校負責安奉，其中一小部分則會裝在由藝術家王俠軍打造的精緻琉璃骨灰罈中，入龕安奉在學校的大捨堂，以紀念大體老師的無私奉獻。我一直很喜歡我們大捨堂玻璃大門上的雷射噴砂詩句：

大愛澤醫情長在
捨身育才作渡舟

這二句詩，說盡了大體老師與同學們共結的這份美好情緣。我相信，對所有慈大醫學系學生來說，他們在這學期的大體解剖課中所學到的，絕對不只是人體奧秘而已，還有尊重生命與勇於奉獻的精神。

因為我們學校大體老師「師資陣容」很龐大，加上在這過程中的人文啟發，我們學校畢業的醫學生，願意選擇外科的比例，確實比其他醫學院高。走外科既辛苦，又容易有醫療糾紛，想到他們未來工作中可能面臨的壓力，不禁莫名心疼起來，但是，這份重要的工作，總得有人願意挺身而出，而也只有那些有自信又有使命感的學生，才願意選擇這條不容易的路，我為他們喝采。

科學一旦離了人性，就會流於恣妄與冷酷，我很高興能夠在這樣一個講究人文與情意的氛圍下從事科學教育。我一直深覺生命綺麗奧妙，能在實驗資源豐富的慈大教大體解剖學，我自己非常感恩，教學十三年，每一年仍有許多新的領受。

我想，會來念醫學系的孩子，應該也有一些濟世救人的理想吧？願我們都不負初心，也不負那些慷慨捨身，願作渡舟指點迷津的有情人。

國家圖書館出版品預行編目 (CIP) 資料

我的十堂大體解剖課：
那些與大體老師在一起得時光
何翰蓁著
初版 . -- 新北市 : 八旗文化 ,
遠足文化 , 2016.06
面 ; 14.8 × 21 公分
ISBN 978-986-5842-91-8 (平裝)

1. 人體解剖學

394
105007671

作者｜何翰蓁
採訪撰稿｜李翠卿
插畫｜張嘉芬

副總編輯｜成怡夏
責編｜成怡夏
企劃｜蔡慧華
排版｜宸遠彩藝
封面設計｜莊謹銘

出版｜八旗文化／遠足文化事業股份有限公司
發行｜遠足文化事業股份有限公司（讀書共和國出版集團）
地址｜新北市新店區民權路 108-2 號 9 樓
電話｜02-2218-1417
傳真｜02-8667-1065
客服專線｜0800-221-029
信箱｜gusa0601@gmail.com

法律顧問｜華洋法律事務所／蘇文生律師
印刷｜成陽印刷股份有限公司

出版日期｜2016 年 06 月／初版一刷
2023 年 10 月／初版十一刷
定價｜新台幣 300 元